W0261102

VERSTÄNDLICHE WISSENSCHAFT

ACHTUNDSECHZIGSTER BAND

BERLIN · GÖTTINGEN · HEIDELBERG

SPRINGER-VERLAG

DIE SONNE

VON

DR. KARL OTTO KIEPENHEUER

PROFESSOR AN DER UNIVERSITÄT FREIBURG/BR.
UND LEITER DES FRAUNHOFER INSTITUTES

1.—6. TAUSEND

MIT 76 ABBILDUNGEN

BERLIN · GÖTTINGEN · HEIDELBERG

SPRINGER-VERLAG

Herausgeber der Naturwissenschaftlichen Abteilung:
Prof. Dr. Karl v. Frisch, München

ISBN-13: 978-3-642-86363-9   e-ISBN-13: 978-3-642-86362-2

DOI: 10.1007/978-3-642-86362-2

Vorwort

Unsere Sonne ist ein Stern, der einzige Stern, der Gestalt und Oberfläche zeigt, auf dem man „optisch" gesprochen spazieren gehen kann. Alle anderen Sterne erscheinen selbst im größten Fernrohr nur als zitternde Lichtpünktchen, deren Natur man indirekt und auf sehr theoretische Weise aus dem Spektrum ihres Lichtes erschließen kann. Damit fällt der Sonnenforschung im Rahmen der größeren Astrophysik eine bedeutende Rolle zu. Sie wird zur Brücke zu den Sternen.

Ich habe mich daher bemüht, die Besonderheiten des Sterns Sonne herauszukehren, das nur auf der Sonne Beobachtbare anschaulich in Bildern darzustellen. Dem Verlag sei Dank für sein Entgegenkommen in Bezug auf die zahlreichen Abbildungen.

Vieles aus dem ständig sich vergrößernden Forschungsgebiet der Sonnenphysik mußte in diesem Bändchen fortgelassen werden, um nicht den Überblick zu trüben. Nicht Vollständigkeit, sondern Anschaulichkeit wurde angestrebt. Denn dieselbe Sonne, die rund und schön am Himmel steht, kann auch ein Schlachtfeld widerstrebender, unanschaulicher Theorien sein. Wir haben uns aus dieser Schlacht herausgehalten und gelegentlich stillschweigend Partei ergriffen.

Auch die Mannigfaltigkeit der Beziehungen zwischen Sonne und Erde konnte nur gestreift werden. Sie verdienten eigentlich eine gesonderte Darstellung.

K. O. Kiepenheuer

V

Inhaltsverzeichnis

VIII

1. Einführung

Hans Carossa

Die Sonne der astronomisch Ungebildeten und die Sonne der Astronomen ist grundverschieden. Die ersteren sehen eine blendende Scheibe am Himmel, die Licht, Wärme und Wohlgefühl verbreitet sowie Tag und Nacht bestimmt. Für den Astronomen ist die Sonne ein Stern vom g-Typ oder auch ein Wasserstoffball mit einer gleichbleibenden Oberflächentemperatur von etwa 6000°, der in ungleichförmiger Rotation begriffen ist. Seine Oberfläche zeigt Flecken, Fackeln und Protuberanzen. In diesem Büchlein soll versucht werden, Ihnen diese „astronomische Sonne" näher zu bringen. Es ist kaum zu befürchten, daß dadurch Ihre Sympathie zur Sonne gefährdet wird, denn selbst für den eifrigsten Sonnenforscher hat sie trotz ihrer zunehmenden Kompliziertheit nichts von ihrer anbetungswürdigen Schönheit und Großartigkeit verloren.

Die Sonnenphysik ist nur ein Zweig der umfassenderen Astrophysik. Sie geht in mancher Hinsicht eigene Wege. Das wird verständlich, wenn man bedenkt, daß die Sonne der einzige Stern ist, der uns infolge seines kleinen Abstandes Oberfläche und Gestalt bietet, während alle anderen Sterne, auch die nächstbenachbarten, selbst im größten Fernrohr unauflösbare Lichtpunkte bleiben. Der Sonnenforscher kann also auf seinem Himmelskörper mit dem Fernrohr spazierengehen. Der Sternforscher ist dagegen ganz auf die Qualität des von den Sternpunkten ausgehenden Lichtes angewiesen. Seine Schlüsse auf den Aufbau der Sterne sind daher häufig mehr indirekt und theoretisch. Die Zahl der auf der Sonne beobachtbaren Erscheinungen ist sehr groß. Selbst die Vorgänge in unserer eigenen direkt erforschbaren Lufthülle können in ihrer Mannigfaltigkeit kaum mit denjenigen der Sonnenatmosphäre mithalten. Die Beobachtung der Sonnenoberfläche und ihrer verschiedenartigen Phänomene geschieht mit sehr verschiedenartigen Instrumenten, die sich meist nur zur Sonnenforschung und nicht zur Untersuchung der Sterne eignen. Es gibt daher Sternwarten und Sonnenobservatorien. Leider sind die Verhältnisse in der Sonnenatmosphäre zu verschieden von denjenigen unserer eigenen Lufthülle, so daß die Ergebnisse der Meteorologie nur selten nutzbringend herangezogen werden können. Die sehr viel höhere Temperatur, die ganz andere chemische Zusammensetzung der Sonnenatmosphäre, ihre völlig anderen elektrischen Eigenschaften sowie die Unmöglichkeit, die Verhältnisse auf der Sonne im Laboratorium nachzuahmen, zwingt den Sonnenforscher, ganz auf einige bewährte Prinzipien der Physik, insbesondere der Atomtheorie, Kernphysik, Thermodynamik, Elektrodynamik und Hydrodynamik aufzubauen, und Analogieschlüsse aus scheinbar ähnlichen Vorgängen auf der Erde zu meiden.

Noch deutlicher wird diese Schwierigkeit, wenn man das unsichtbare und völlig unzugängliche Innere der Sonne zum Gegenstand der Forschung macht. Hier kann nur die strenge Theorie des Atoms leiten; das Bild, das wir uns vom Innern der Sonne oder eines Sternes machen, wird daher immer in vollkommenster Weise den jeweiligen Stand der theoretischen Physik und der Kernphysik widerspiegeln und ist wie diese in steter Wandlung begriffen. Sonnenphysik und Physik sind daher fast übergangslos verschmolzen und der ernsthaft interessierte Leser tut gut daran, sich notfalls in einem allgemein verständlichen Leitfaden der Physik Rat zu holen. Der Umfang dieses Büchleins gestattet nicht, auch die physikalischen Grundlagen zu behandeln.

Sie machen in diesem Buch Bekanntschaft mit einem neuen Himmelskörper. Die zahlreichen Erscheinungen, die wir mit dem Fernrohr auf seiner Oberfläche beobachten, sind von ganz anderer Art, als wir sie auf unserem Planeten kennen. Notgedrungen muß die Mannigfaltigkeit der solaren Erscheinungen in einem Buch wie diesem gruppiert und geordnet werden, wobei das Gesamtbild der Sonne, das sich der Astronom heute vorstellt, leicht

verloren geht. Darum sei im Folgenden in sehr gedrängter Form
das astronomische Bild der Sonne, in einem Sonnenmodell, zu-
sammengefaßt, auf das Sie beim Lesen dieses Buches immer
wieder zurückgreifen können, falls Sie den roten Faden verloren
haben sollten.

Sonnenphysik in 2000 Worten. Die Sonne ist ein Stern wie
viele andere Sterne, oder auch eine Gaskugel von etwa
1 Million km Durchmesser mit einer Masse von $2 \cdot 10^{33}$ g, im Abstande von 150 Millionen km von der Erde. Das Licht braucht
8 Minuten, um diese Strecke zurückzulegen. Mit dem besten
Fernrohr und den günstigsten Beobachtungsbedingungen kann
man auf der Sonnenoberfläche noch Details von etwa 500 km
Ausdehnung erkennen. Die Sonne dreht sich von der Erde aus
gesehen etwa in 4 Wochen um ihre Achse, aber merkwürdigerweise nicht wie ein starrer Körper. Während sie nämlich am
Äquator etwa 27 Tage für eine Rotation braucht, sind es in den
polaren Gebieten etwa 30 Tage. Der Sonnenkörper verdreht sich
also dauernd in sich.

Die Sonne strahlt seit Milliarden von Jahren von ihrer Oberfläche, die etwa eine Temperatur von 6000° hat, sekündlich eine
Energie von $4 \cdot 10^{23}$ KW aus und zwar in Form von Licht
(elektromagnetische Strahlung). Die Energiequelle sitzt tief im
Zentrum der Sonne, wo eine Temperatur von etwa 15 Millionen
Grad herrscht. Etwa 90 % der Energie stammt aus einem zen-
tralen Teil von 0,23 Sonnenradius, der jedoch infolge seiner
großen Dichte (100 g im Kubikzentimeter) 40 % der Gesamtmasse der Sonne enthält. Man vergleiche hierzu die Abb. 1. Die
Energie stammt aus der Kernverbrennung des Wasserstoffs zu
Helium, hierbei gibt die „Verbrennung" von 1 g Wasserstoff
etwa 200 000 Kilowatt-Stunden her.

Die erzeugte Energie strömt allseitig nach außen und zwar aus-
schließlich in Form von Röntgenstrahlung und der noch kurz-
welligeren γ-Strahlung. Dabei tritt durch jede konzentrische Kugelschale um den Sonnenmittelpunkt gleich viel Energie. In einem
Mittelpunktsabstand von 0,7 Sonnenradius haben sich die Bedingungen so verändert (Temperatur 130 000°, Dichte 0,07 g im Kubikzentimeter), daß die Strahlung alleine den Energiestrom nicht
mehr schaffen kann. Ähnlich wie das Wasser in einem kochenden

Teekessel fängt die Sonnenmaterie hier an zu brodeln und transportiert die in ihr enthaltene Wärmemenge selbst an die Sonnenoberfläche. Man nennt daher das Gebiet 0,7—1,0 Sonnenradius

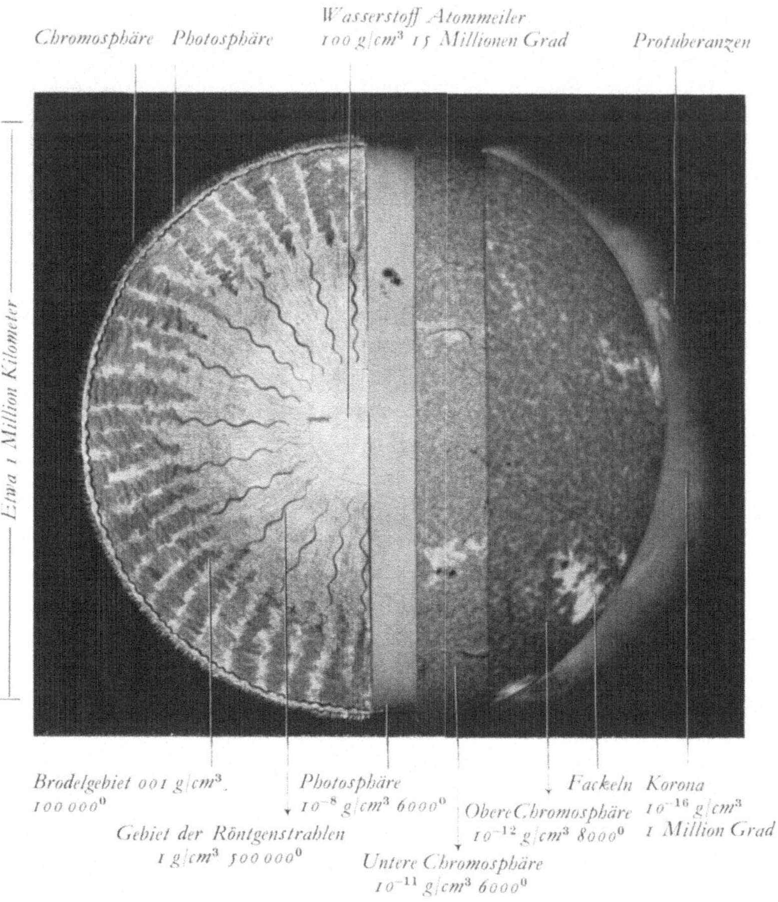

Abb. 1. Das Modell der Sonne. Rechts: Die verschiedenen Schichten nach photographischen Aufnahmen. Links: Schnitt durch die Sonne

auch die Konvektionszone der Sonne. Innerhalb dieser Zone sinkt die Dichte auf 10^{-2} g im Kubikzentimeter an der sichtbaren Sonnenoberfläche ab, die Temperatur auf etwa 5000°.

Dortselbst nimmt das Brodeln einen geordneten Charakter in Form von Strömungszellen an, deren Durchmesser etwa 1000 km beträgt und die wir mit einem normalen Fernrohr als Granulation (vgl. Abb. 17) beobachten. Die Strömungsgeschwindigkeiten in diesen Zellen betragen mehr als 1 km/sec! Diese Oberflächenschicht der Sonnenkugel, aus der die ganze Sonnenenergie nun wieder in Form von Lichtstrahlung in den Weltraum hinaustritt, heißt *Photosphäre*. Sie ist für uns die Quelle des Sonnenlichtes.

Außerhalb der Photosphäre nimmt die Materiedichte sehr rasch ab (Photosphäre 10^{-8} g/cm^3, 1000 km weiter draußen nur noch 10^{-11} g/cm^3, 20000 km höher nur noch 10^{-16} g/cm^3; zum Vergleich die Bodendichte unserer Erdatmosphäre etwa 10^{-3} g/cm^3). Damit ist auch die Lichtmenge, die von dieser so verdünnten *Sonnenatmosphäre* ausgeht, so gering, daß man zu ihrer Beobachtung besondere Geräte braucht, die das helle Licht der Photosphäre eliminieren.

Unmittelbar an die Photosphäre grenzt die *Chromosphäre*, die bis zu etwa 10000 km Höhe reicht, und — noch sehr viel unruhiger und chaotischer als die Photosphäre — in dauerndem Brodeln begriffen ist. Man kann sagen, daß die obere Chromosphäre die Brandung der Photosphäre ist, denn fast besteht sie nur aus Gischtspritzern der photosphärischen Materie, die auf vorerst noch nicht ganz verstandene Weise durch die aufsteigenden Granulen mit Geschwindigkeiten von über 10 km/sec emporgeschleudert werden.

Die ganze Chromosphäre ist daher nicht im statischen Gleichgewicht wie unsere Atmosphäre, sondern besteht in jedem Augenblick aus einer großen Zahl von im Fluge befindlichen Gasspritzern und Fontänen (vgl. Abb. 38). Die Temperatur dieser Gebilde ist ein wenig höher als die der Photosphäre.

Am äußeren Rande dieser in steter Veränderung begriffenen Chromosphäre sinkt die Materiedichte nochmals auf kurzer Strecke auf $^1/_{1000}$ ihres mittleren Wertes in der Chromosphäre. Die *Sonnen-Korona* beginnt, jene riesige, Millionen von Kilometern in den Raum hinausreichende, sehr verdünnte Gashülle, die nur während totaler Sonnenfinsternisse sichtbar wird, wenn der Mond die blendende Sonnenscheibe für uns gerade abdeckt (vgl. Abb. 33). Die Korona hat eine Gastemperatur von etwa 1 Million

Grad, ist also sehr viel heißer als die Chromosphäre, auf der sie aufliegt. Der „Kochtopf" ist also heißer als die „Herdplatte".

Doch die Heizung der Korona durch die darunter befindliche Chromosphäre erfolgt nicht wie bei einem gewöhnlichen Teekessel, vielmehr entweicht ein kleiner Teil der chromosphärischen Bewegungsenergie in Form von sogenannten Stoßwellen (Druckwellen mit Überschallgeschwindigkeit) in die Korona und bringt deren sehr verdünntes Gas auf eine hohe Temperatur. Die Temperatur des Koronagases ist so hoch, daß die Wasserstoffkerne (Protonen) ganz ihre Elektronen verloren haben; die schweren Kerne wie Kohlenstoff, Stickstoff, Sauerstoff haben bis zu 15 Elektronen verloren.

Der Materiegehalt der Sonnenkorona (nur 10^{-15} der Sonnenmasse) stammt wahrscheinlich aus der dauernd in die Sonne stürzenden interplanetarischen Materie (Staub und Meteore), die schon in großer Sonnenentfernung verdampft. Dem ständigen Materiezustrom in die Korona wird durch ihre dauernde Verdampfung in den Weltraum wohl etwa die Waage gehalten.

Die gestörte Sonne. Das Sonnenmodell, das wir nun von innen nach außen durchwandert haben, ist ein stabiles, unveränderliches Gebilde. Trotz der mannigfaltigen veränderlichen Erscheinungen auf der Sonne, von denen nun die Rede sein wird, wird der Aufbau der Sonne als Ganzes hierdurch nicht verändert. Die Energiemengen, die aufgewendet werden, um die veränderlichen solaren Erscheinungen im Gang zu halten, sind winzig im Vergleich zu der im gleichen Zeitraum von der Sonne ausgestrahlten Energie. Es ist auch ziemlich sicher, daß dieser Energiebedarf nicht von der Photosphärenstrahlung, sondern aus der Rotationsenergie der Sonne, genauer gesagt aus den Reibungsverlusten der ungleichförmigen Rotation der Sonne gedeckt wird.

Aus einiger Entfernung gesehen erscheint die Sonne daher als ein unveränderlicher Stern. Wir wissen aus mancherlei Anzeichen, daß auch auf vielen der scheinbar unveränderlichen Sterne sonnenähnliche veränderliche Phänomene auftreten, nur ist die Sonne der einzige Stern, der nahe genug ist, um auf seiner Oberfläche mit dem Fernrohr Einzelheiten zu erkennen. Sie ist der einzige Stern, der für uns eine Oberfläche hat, während alle anderen Sterne selbst in den größten Fernrohren Lichtpunkte ohne Ausdehnung und Gestalt bleiben.

Alle Veränderungen auf der Sonne, die man unter dem Begriffe der *Sonnenaktivität* zusammenfaßt, befolgen einen gemeinsamen Rhythmus von etwa 11 bzw. 22 Jahren, der jedoch nicht streng periodisch ist und den man als Sonnenzyklus bezeichnet. Die auffälligeren Erscheinungen konzentrieren sich stets auf gewisse begrenzte Breitenzonen der Sonnenoberfläche, die sich im Laufe eines Zyklus charakteristisch verlagern. Die zahlreichen Einzelerscheinungen gewinnen an Übersicht, wenn man sie ihrem kausalen Zusammenhang entsprechend in sogenannte Aktivitätszentren zusammenfaßt, die man sich am besten als solare Unwetter-Zentren denkt, innerhalb derer sich dann analog zu unseren Unwettern Einzelvorgänge abspielen wie etwa Sturm, Regen, Gewitter, Blitze usw.

Ein solches Sonnenunwetter oder Aktivitätszentrum — manchmal sind mehr als zehn von ihnen zugleich im Gange — manifestiert sich gleichzeitig in allen uns optisch zugänglichen Schichten der Sonne, in Photosphäre, Chromosphäre und Korona. Im Gegensatz zu unseren Unwettern reicht es sogar noch in tiefere, für uns unsichtbare Schichten der Sonne herunter. Dort liegen seine eigentlichen Wurzeln. Die Bindung der Aktivitätszentren an wohldefinierte, systematisch veränderliche Breitenzonen läßt daher auf großräumige Strömungsvorgänge im Innern der Sonne schließen, die in engstem Zusammenhang mit der ungleichförmigen Rotation der Sonne stehen. Wir haben sogar guten Grund zu vermuten, daß die durch diese ungleichförmige Rotation erzeugte Rührwirkung den eigentlichen Antriebsmotor der Sonnenaktivität darstellt.

Die primäre, das Sonnenunwetter auslösende Störung taucht aus dem Sonneninnern in Form eines begrenzten magnetischen Feldes auf (genauer als ein mit Magnetfeld versehenes Gasvolumen). In den höheren Teilen der Photosphäre und in der darüber befindlichen Chromosphäre treten sodann als erste Unwetterboten helle *Fackelgebiete* auf, das sind überhitzte leuchtende Gaswolken, während sich in der unteren Photosphäre inmitten der Granulation dunkle Poren bilden, Gebiete von einigen 1000 km Durchmesser, deren Temperatur etwa 1500° tiefer ist als die der umgebenden Photosphäre.

Diese Poren nehmen dann rasch an Zahl und Größe zu und bilden eine *Sonnenfleckengruppe* (vgl. Abb. 38). Die dunklen Flecken zeigen kräftige Magnetfelder und bilden Zentren einer intensiven atmosphärischen Zirkulation. Mit dem Größerwerden der dunklen Flecken wächst auch das zugehörige Fackelgebiet an Fläche und Helligkeit. Innerhalb dieser hellen Gebiete leuchten gelegentlich blitzartige Aufhellungen auf — je nach Größe Minuten oder Stunden dauernd — die man chromosphärische *Eruptionen* (vgl. Abb. 52) nennt, und die man mit Recht als solare Blitze bezeichnen könnte. Diese Blitze auf der Sonne senden nicht nur sichtbares Licht aus, sondern auch unsichtbare Ultraviolett- und Röntgenstrahlung. Wir wissen ferner, daß häufig gleichzeitig mit den Eruptionen auch unsichtbare Gaswolken von der Sonne abgeschleudert werden, die etwa 1 Tag später die Erde erreichen (ihre Reisegeschwindigkeit beträgt etwa 1000 km/sec) und deren Magnetfeld stören. Gleichzeitig bilden sich in der Umgebung einer jeden Fleckengruppe dunkle, meist länglich geformte Wolken (nur sichtbar mit besonderen Geräten, da sie im weißen Sonnenlicht fast durchsichtig sind). Auf der Sonnenscheibe erscheinen sie als dunkle Gebilde und werden *Filamente* genannt. Am Sonnenrande heben sie sich deutlich von der Sonnenscheibe ab und erscheinen dann leuchtend gegen den dunklen Himmelsgrund. Sie werden dann *Protuberanzen* genannt. Während die Sonnenflecken im Durchschnitt nach einigen Wochen ihr Leben aushauchen und die Fackeln nach etwa zwei Monaten ihre Helligkeit verlieren, wachsen die im Aktivitätszentrum geborenen Filamente über viele Monate weiter, wobei sie sich in lange wurmartige Gebilde verwandeln, die über 1 Million km lang sein können und zu den stabilsten Gebilden unter den veränderlichen Erscheinungen gehören.

Gelegentlich, manchmal im Zusammenhang mit chromosphärischen Eruptionen, werden solche Filamente plötzlich zerstört oder mit großer Geschwindigkeit in den Weltraum geschleudert. Merkwürdigerweise bilden sich die so verlorengegangenen Filamente nach einigen Tagen in der alten Form neu, als ob es eine unsichtbare Vorschrift für die Formen gäbe. Wir müssen annehmen, daß diese unsichtbare Botschaft magnetischer Natur ist, und daß die elektrisch leitende Materie der

Sonnenatmosphäre wie eine Kompaßnadel der Form des aus dem Sonneninnern hervorquellenden Magnetfeldes zu folgen hat.

Die Sonnenunwetter reichen bis in die Korona herauf. Ihre Temperatur und Helligkeit steigt in der Umgebung der Aktivitätszentren vorübergehend stark an. Als Ganzes zeigt ihre Form einen deutlichen Zusammenhang mit der Häufigkeit und der Anordnung der Aktivitätszentren auf der Sonnenoberfläche. Gibt es wenige, so zeigt sie eine abgeplattete Form mit weiten äquatorialen Flügeln. Im Sonnenfleckenmaximum dagegen wird sie ein kugeliges Gebilde mit Strahlen nach allen Richtungen.

Als grobes Maß der Sonnenaktivität zählt man seit etwa 300 Jahren täglich die Sonnenflecken in Form der Wolfschen Fleckenrelativzahlen.

Bevor wir uns in das Gebiet der modernen Sonnenforschung hineinwagen, wollen wir uns noch in Form einer kurzen Aufstellung historisch vergegenwärtigen, wie es zum heutigen astronomischen Weltbild kam, welche Männer und welche Entdeckungen bestimmend waren für die vielfachen Wandlungen, die unsere Ansichten über den Aufbau der Sterne und unseres Sonnensystems durchmachten.

Kleine Geschichte der Sonnenforschung

450 v. Chr.	HERAKLIDES VON PONTUS läßt einige Planeten zum erstenmal um die Sonne laufen. Die Sonne soll jedoch um die Erde kreisen.
190—125 v. Chr.	HIPPARCHOS lehnt das freie Schweben der Planeten im Raume ab und führt Kristallsphären ein. Er begründet eine strenge Geometrie, führt Himmelskoordinaten ein, mißt Sternörter an der Himmelssphäre, fertigt ein Sternverzeichnis an und verwendet viel Scharfsinn auf die Deutung der Bewegung von Sonne und Mond durch Epizyklen. Er findet die astronomische Ortsbestimmung auf der Erde und begründet eine wissenschaftliche Astronomie.
140 n. Chr.	KLAUDIUS PTOLEMAIOS erkennt den Wert der Hipparchos-Ergebnisse, verteidigt diese und gibt ein Handbuch der Astronomie, den Almagest, heraus, mit Tafeln, die den Ort der Planeten auf etwa ein Drittel Sonnendurchmesser genau angeben. Dieser gelangt erst im 8. Jahrhundert nach Europa. Der Druck in griechischer Sprache erfolgt erst fünf Jahre nach Erscheinen des Werkes von Kopernikus. Ptolemains war sich der Künstlichkeit der Epizyklenbewegung der Planeten bewußt.

1473—1543	Nikolaus Kopernikus rückt die Sonne in das Zentrum der Welt. Die Erde wird einer der fünf damals bekannten Planeten. Die erste Fassung seiner Theorie „De revolutionibus orbium coelestius" wird 1530 beendet. Die Veröffentlichung erfolgt 1542. Kopernikus faßt die Ordnung der Weltkörper mit folgenden Worten zusammen: „Die erste und höchste von allen Sphären ist diejenige der Fixsterne, sich selbst und alles enthaltend und daher unbeweglich als der Ort des Universums, auf welchen die Bewegung und Stellung aller übrigen Gestirne bezogen wird. Es folgt der erste Planet Saturn, welcher in 30 Jahren seinen Umlauf vollendet, hierauf Jupiter mit einem 12jährigen Umlauf, dann Mars, seine Bahn in 2 Jahren umlaufend. Die vierte Stelle in der Reihe nimmt der jährliche Kreislauf der Erde ein, in welchem die Erde mit der Mondbahn als Epizykel enthalten ist. An fünfter Stelle kreist Venus in 9 Monaten um die Sonne. Die sechste Stelle nimmt Merkur ein, der in 80 Tagen seinen Lauf vollendet. In der Mitte von allen steht die Sonne, denn wer möchte in diesem schönen Tempel diese Leuchte an einen anderen oder besseren Ort setzen, als von wo sie das Ganze zugleich erleuchten kann". Bei Kopernikus führen die Planeten noch auf einem konzentrischen Kreis um die Sonne epizyklische Bewegungen aus.
1546—1601	Der dänische Astronom Tycho Brahe glaubt nicht an Kopernikus und sucht Kirche und ptolemaisches Weltbild zu versöhnen. Er läßt die Planeten zwar um die Sonne kreisen, diese kreist jedoch um die Erde. Fixsternsphäre, Sonne und Mond umlaufen die Erde, das Weltzentrum. Er entwickelt eine verfeinerte Beobachtungstechnik mit großen Sextanten und sammelt ein riesiges und wertvolles Beobachtungsmaterial über die Bewegung der Planeten an der Himmelssphäre.
1608	Erfindung des Fernrohres durch Lippersheim in Holland.
1609	Johannes Kepler (1571—1630) leitet auf Grund der Marsbeobachtungen von Tycho Brahe seine Gesetze der Planetenbewegung ab.
1610	Galilei in Padua und Johannes Fabricius in Wittenberg entdecken mit dem Fernrohr unabhängig voneinander die Sonnenflecken und ihre Bewegung über die Sonnenscheibe.
1611	Christoph Schreiner in Ingolstadt entdeckt ebenfalls Flecken, wird aber von seinem Provinzial Busäus so abgekanzelt, „daß er etwas sehe, wovon bei Aristoteles nichts zu lesen sei", daß er erst nach eineinhalb Jahren wieder zu beobachten wagt.
1616	Das Werk des Kopernikus wird trotz Einspruch Galileis in Rom auf den Index gesetzt.
1632	Eröffnung des Verfahrens gegen den siebzigjährigen Galilei durch Papst Urban VIII.
1640	Descartes denkt sich den Weltraum von durchsichtigem Medium erfüllt, das das ganze Planetensystem mit herumstrudelt.
1666	Isaac Newton findet das Gesetz der allgemeinen Gravitation und wendet dies auf die Planetenbewegung an.

1675   OLE ROMER bestimmt aus Beobachtungen an den Jupiter-
            monden die Lichtgeschwindigkeit.
1746   CLAUDE SIMEON treibt zum erstenmal ein parallaktisch
            montiertes Fernrohr mit einem Uhrwerk an.
1802   WOLLASTON findet dunkle Linien im Sonnenspektrum.
1814   FRAUNHOFER entdeckt mit einem verbesserten Spektro-
            graphen die ersten 547 „Fraunhoferschen" Linien im Sonnen-
            spektrum.
1820   Erfindung der Photographie.
1849   WOLF in Zürich führt die Sonnenfleckenrelativzahl ein.
            Seitdem werden die Sonnenflecken täglich beobachtet und
            gezählt.
1851   Erste Photographie der Sonnenkorona während einer totalen
            Sonnenfinsternis.
1852   WOLF und GAUTIER erkennen die Parallelität von Sonnen-
            fleckenhäufigkeit und erdmagnetischer Unruhe.
1858   CARRINGTON entdeckt die Breitenwanderung der Sonnen-
            fleckenzone.
1859—1861   KIRCHHOFF und BUNSEN lösen das Rätsel des Ursprungs der
            dunklen Fraunhoferlinien im Sonnenspektrum.
1868   Erste Beobachtung von Protuberanzen am Sonnenrande
            außerhalb einer Sonnenfinsternis durch Lockyer und
            Janssen.
1888   LANGLEY registriert das Sonnenspektrum von Ultraviolett
            bis zum extremen Infrarot mit einem Bolometer.
1889   G. E. HALE erfindet als Einundzwanzigjähriger das Spektro-
            helioskop und erhält 1891 die ersten brauchbaren Spektro-
            heliogramme der Sonnenscheibe.
1897   ROWLAND vollendet seinen dunkle Fraunhofer Linien ent-
            haltenden Atlas des Sonnenspektrums.
1900   PLANCK entdeckt das Gesetz der „schwarzen" Strahlung.
1901   DESLANDRES und OLIVER DODGE versuchen vergeblich,
            Hertzsche Wellen von der Sonne zu empfangen.
1905   EINSTEIN entdeckt die Lichtquanten.
1908   HALE entdeckt die Magnetfelder in den Sonnenflecken. Der
            solare Ursprung erdmagnetischer Stürme findet seine Deu-
            tung.
1913   NIELS BOHR deutet das Spektrum des Wasserstoffatoms.
1929   RUSSELL findet aus spektroskopischen Beobachtungen die
            chemische Zusammensetzung der Sonne.
1930   LYOT beobachtet mit seinem Koronographen die Sonnen-
            korona außerhalb einer Sonnenfinsternis.
1937   JANSKY empfängt Radiowellen von der Milchstraße.
1940   EDLÉN deutet die Emissionslinien der Sonnenkorona.
1942   Die Radiostrahlung der Sonne wird mit einem Radargerät
            entdeckt.
1946   Die solare Komponente der kosmischen Strahlung wird
            nachgewiesen.
1950   Die Sonnenstrahlung im extremen Ultraviolett und im
            Röntgengebiet wird erstmalig von Raketen aus außerhalb
            der Erdatmosphäre gemessen.

2. Die Sonnenfamilie

Lage im Weltraum. Im größten Spiegelteleskop der Welt, auf dem Mt. Palomar in Californien, das einen Durchmesser von 200 inch oder 5 Metern hat, ist der uns zugängliche Weltraum eine Kugel mit einem Durchmesser von etwa 2 Milliarden Lichtjahren. Dieser Raum ist nahezu gleichmäßig erfüllt mit etwa 260 Millionen Sterneninseln oder Milchstraßen, deren Formen nicht allzusehr voneinander abweichen und die merkwürdigerweise fast alle von uns wegzufliegen scheinen. Sie entfernen sich um so rascher, je weiter sie von uns entfernt sind. Die schnellsten unter ihnen, bei denen man aus dem Spektrum noch die Geschwindigkeit ablesen konnte, fliegen mit $^1/_7$ der Lichtgeschwindigkeit, d. h. mit 42 000 km in der Sekunde in den Raum hinaus. Sie befinden sich in einer Entfernung von etwa 200 Millionen Lichtjahren. Die Grenze der uns zugänglichen Welt ist somit identisch mit der Leistungsgrenze unserer Beobachtungsmethoden. In der größten vom Mt. Palomar-Fernrohr noch erreichbaren Entfernung schrumpfen die riesigen Milchstraßen, deren jede mindestens 10 000 Millionen Sterne enthält, zu Lichtpünktchen zusammen, die kaum noch von näheren Einzelsternen zu unterscheiden sind. Ihre Helligkeit geht nahezu unter in dem schwachen Selbstleuchten unserer eigenen Atmosphäre.

In der Mitte dieser uns *zugänglichen* Weltraumkugel befindet sich als eine unter 260 Millionen anderen unsere eigene Weltinsel, unser Sternensystem. Wie viele andere Weltinseln hat auch sie die Form eines Spiralnebels, von dem uns ein Teil in Form der Milchstraße erscheint. Das wissen wir erst seit wenigen Jahren aus der Beobachtung kosmischer Radiowellen, die uns besser als das Licht der Sterne Auskunft zu geben vermögen über die Struktur und die Bewegung der unendlich dünn verteilten Materie zwischen den Sternen, der interstellaren Materie, da die Radiowellen innerhalb unserer Sterneninsel im Gegensatz zu gewöhnlichem Licht durch die Staubwolken kaum geschwächt werden.

Von der Seite gesehen (vgl. Abb. 2) sieht unsere Weltinsel aus wie ein Diskus; sein Durchmesser beträgt etwa 100 000 Lichtjahre, seine größte Dicke in der Mitte etwa 10 000 Lichtjahre. Die Sonne als ein Stern unter den 10 000 Millionen Sternen dieses

Systems liegt nahe der Äquatorebene und etwa 30000 Lichtjahre von der Mitte entfernt, etwa so wie in der Abb. 3 dargestellt. Diese ganze Ansammlung von Sternen befindet sich in Rotation.

Abb. 2a

Abb. 2b

Abb. 2. Spiralnebel, ähnlich unserem eigenen Sternsystem, von oben und von der Seite. Oben: Spiralnebel im Großen Bären. Unten: Spiralnebel im Sternbild Berenikes Haar. (Mt. Wilson-Aufnahmen)

Unsere Sonne strömt mit und bewegt sich mit einer Geschwindigkeit von 285 km/sec in Richtung auf das Sternbild des Schwanes zu. Einen vollen Umlauf um den Kern unseres Sternsystems herum vollendet sie in etwa 250 Millionen Jahren. Als Folge dieser allgemeinen Rotation bewegt sich die Sonne relativ zu den helleren Nachbarsternen mit einer Geschwindigkeit von etwa 19 km/sec auf das Sternbild des Herkules zu.

Der mittlere Abstand der Sterne untereinander beträgt etwa 10^{18} cm oder ein Lichtjahr, während der Durchmesser eines einzelnen Sternes nur etwa 10^{11} cm beträgt. Der Durchmesser eines Sternes ist daher winzig im Vergleich zum Abstand der Sterne untereinander. Unser Sternsystem ist daher praktisch leer.

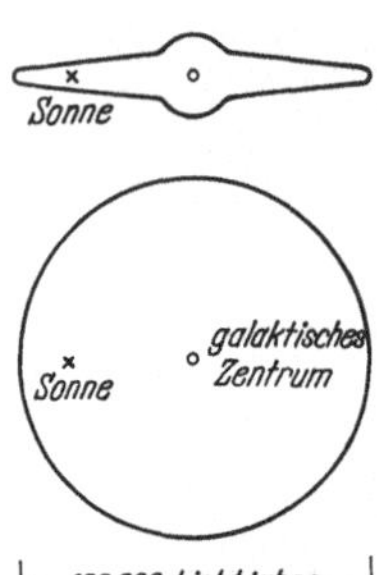

Abb. 3. Die Lage der Sonne im galaktischen System

Dennoch hat die Untersuchung des Lichtes ferner Sterne ergeben, daß auch zwischen den Sternen sehr geringe Mengen von Materie verteilt sind. Innerhalb unseres Sternsystems beträgt die Dichte dieser interstellaren Materie etwa 1 Atom im Kubikzentimeter. Sie tritt in Form von Wolken aus Gas und Staub auf, die sich mit einer Geschwindigkeit von einigen Kilometern in der Sekunde durcheinander bewegen. Besonders zum galaktischen Zentrum hin verdichten sich die Staubwolken und verdecken dieses unseren Blicken. In der Nähe der Sonne, dort, wo die Planeten kreisen, sind es etwa 1000 Atome im Kubikzentimeter. Das ist furchtbar wenig, wenn man bedenkt, daß die Luft am Erdboden etwa 10^{19} Atome im Kubikzentimeter enthält. Der Raum zwischen den Sternen ist daher trotz dieser Materie sehr durchsichtig.

Die Planeten. Die Sonne wird umkreist von 9 großen Planeten. Die Mehrzahl dieser Planeten ist wesentlich größer als die Erde. Betrachten wir die Bahn des sonnenfernsten Planeten Pluto, so ist ihr Durchmesser jedoch immer noch winzig im Vergleich zur Entfernung von der Sonne bis zum nächsten Stern. Der Durchmesser der Pluto-Bahn beträgt $1/_{2000}$ des mittleren Sternabstandes in der Milchstraße. Für einen fernen Beobachter werden die nicht selbst leuchtenden Planeten daher unsichtbar bleiben und im Glanz der Sonne verschwinden. Die folgende Tabelle gibt Aufschluß über die Bahnen und die Eigenschaften der 9 Planeten.

Die Tabelle wie auch die Abb. 4 und 5 geben einen Eindruck von den Größenverhältnissen. Die Gesamtmasse aller Planeten beträgt 445 Erdmassen oder etwa 1% der Sonnenmasse. Der mittlere Abstand Sonne-Erde, der in der Tabelle als 1,0 bezeichnet wird, beträgt 149 500 km. Diese Entfernung bezeichnet man auch als eine astronomische Einheit. Auffällig ist die geringe Neigung der Planetenbahnen. Alle Planeten bewegen sich also nahezu in einer Ebene.

Die Bewegungen der Planeten gegenüber dem gleichmäßig rotierenden Fixsternhimmel sind bereits seit Jahrtausenden Gegenstand astrologischer und astronomischer Spekulationen, doch erst Johannes Kepler (1609) gelang es, die Gesetze der Planetenbewegung auf eine einfache und klare Form zu bringen. Er fußte dabei auf der 67 Jahre vorher von Kopernikus behaupteten These, daß die Planeten um die Sonne laufen und nicht die Erde der

	Merkur	Venus	Erde	Mars	Jupiter	Saturn	Uranus	Neptun	Pluto
Mittlerer Abstand von der Sonne in Erdabständen	0,39	0,72	1,00	1,52	5,2	9,5	19,2	30,2	39,5
Wahre Umlaufzeit um die Sonne (Jahre)	0,241	0,615	1,00	1,88	11,9	29,5	84,0	164,8	
Exzentrität der Bahn	0,206	0,007	0,017	0,093	0,048	0,056	0,047	0,009	0,249
Neigung der Bahn im Verhältnis zur Erdbahn	7° 0'	3° 24'	0° 0'	1° 51'	1° 18'	2° 19'	0° 46'	1° 47'	17° 1'
Durchmesser in Kilometern	4800	12 200	12 757	6800	142 700	120 800	49 700	93 000	5700
Masse in Einheiten der Erdmasse	0,037	0,83	1,00	0,11	318,4	95,2	14,6	16,9	0,03
Schwerebeschleunigung an der Oberfläche des Planeten (m/sec^2)	2,5	8,8	9,8	3,7	26,0	11,2	9,4	9,6	1,6

Mittelpunkt der Welt sei. Kepler leitete seine Gesetze rein empirisch aus dem umfangreichen und vorzüglichen Beobachtungsmaterial des Tycho Brahe ab und zwar fast nur aus dessen Beobachtungen. Er gab die begreifliche Annahme einer unbeweglichen Erde in der Mitte der Welt auf und nahm an, daß die Himmelskörper infolge der ihnen zugesprochenen göttlichen Erhabenheit sich in der vollkommensten geometrischen Figur, in Kreisen mit gleichförmigen Geschwindigkeiten bewegen. Im Jahre 1609 verkündigte er der Welt die wahren Gesetze der Planetenbewegung und begrüßte diese mit dem Ausspruch: „Endlich habe ich ans Licht gebracht und über all mein Hoffen und Erachten als wahr befunden, daß die ganze Natur der Harmonien in ihrem ganzen Umfange und in allen ihren Einzelheiten in den himmlischen Bewegungen vorhanden ist, nicht zwar auf die Weise, wie ich's mir früher gedacht, sondern auf eine ganz andere, durchaus vollkommene Weise."

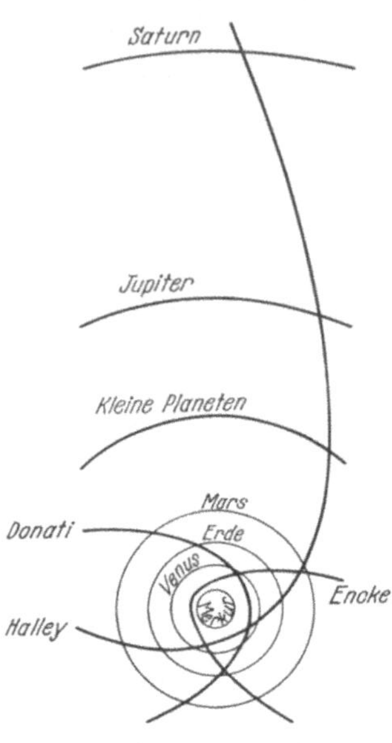

Abb. 4. Die Bahnen der Planeten, Planetoiden und einiger Kometen

Abb. 5. Im Hintergrund die Sonnenkugel mit Flecken, Protuberanzen und Filamenten, in der Mitte der Saturn mit seinem Ringsystem und seinen Satelliten, links vom Saturn der Jupiter mit seinen 12 Begleitern. Links oberhalb vom Jupiter Merkur, Venus, Erde und Mars. Rechts vom Saturn Uranus, Neptun und Pluto mit ihren Monden

Die drei berühmten Keplerschen Gesetze lauten:

1. Alle Planeten bewegen sich in Ellipsen um die Sonne, deren gemeinsamer Brennpunkt im Mittelpunkt der Sonne liegt.

2. Die jeweils von der Sonne zum Planeten weisende Verbindungslinie überstreicht in gleichen Zeiten gleiche Flächen. Das wird aus der Abb. 6 klar. In Sonnennähe wird der Planet also rascher laufen als in Sonnenferne, um jeweils (z. B. pro Tag) sein Flächenpensum zu überstreichen.

3. Die Quadrate der Umlaufzeiten der Planeten verhalten sich wie die dritten Potenzen der großen Achsen ihrer Bahnellipsen.

Würden die Planeten in Kreisen laufen, so würden also die Quadrate der Umlaufzeiten sich wie die dritten Potenzen des Kreisdurchmessers verhalten.

Kepler fand dieses Gesetz erst 1618 und schreibt dazu: „Am 8. März dieses Jahres 1618, wenn man die genauen Zeitangaben wünscht, ist es in meinem Kopfe

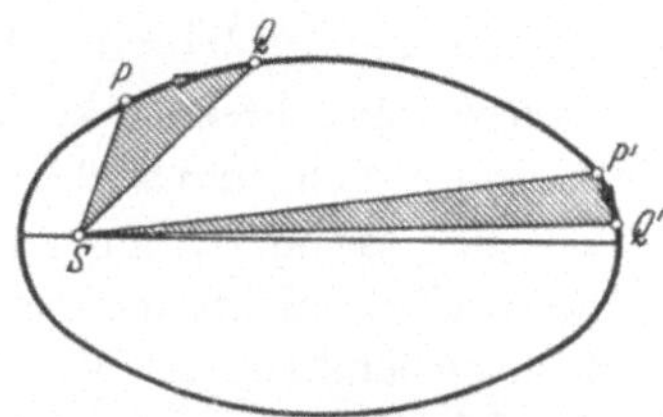

Abb. 6. Das zweite Keplersche Gesetz

aufgetaucht. Ich hatte aber keine glückliche Hand, als ich es der Rechnung unterzog und verwarf es als falsch. Schließlich kam es am 15. Mai wieder und besiegte in einem neuen Anlauf die Finsternis meines Geistes, wobei sich zwischen meiner siebzehnjährigen Arbeit an den Braheschen Beobachtungen und meiner gegenwärtigen Überlegung eine so treffliche Übereinstimmung ergab, daß ich zuerst glaubte, ich hätte geträumt und das Gesuchte in den Beweisunterlagen vorausgesetzt."

Keplers erstes Gesetz bestimmt die *Form* der Planetenbahnen, das zweite reguliert die Geschwindigkeiten der Planeten auf ihrer Bahn. Das dritte Gesetz erlaubt die Abstände der Planeten von der Sonne zu berechnen, wenn der Abstand eines Planeten (Erde) und die Umlaufzeiten des anderen Planeten bekannt sind. Insbesondere das zweite Gesetz weist deutlich auf die Sonne als Quelle der die Bewegung regulierenden Kraft hin. In der Tat war dies auch der große neue Leitgedanke, der Kepler bei seinem langjährigen mühevollen Suchen zur Entdeckung der Gesetze führte. Er spricht schon von einer „Anziehungskraft der Sonne"

und schreibt einem Freund voll Stolz: „Ich gebe eine Himmelsphilosophie oder Himmelsphysik an Stelle der Himmelstheologie."
An anderer Stelle schreibt er: „Früher war ich nämlich fest davon
überzeugt, daß die Bewegungsursache der Planeten ein beseelendes Prinzip sei . . . als ich aber bemerkte, daß diese Bewegungsursache mit dem Abstand von der Sonne schwächer
wurde, habe ich daraus geschlossen, daß diese Kraft etwas
Stoffliches sein muß."

Fast 100 Jahre später (1683) kam dann Isaac Newton (1643 bis
1727) auf den genialen Gedanken — vielleicht der bisher genialste
überhaupt auf dem Gebiet der kosmischen Physik —, daß die
Kraft, die den Apfel vom Baum fallen läßt, nicht allein auf
irdische Körper beschränkt sei, sondern ebenso zwischen allen
Körpern im Weltraum wirke. Zunächst folgerte er, daß die Kraft,
welche den Mond zwingt, eine kreisförmige Bahn um die Erde
zu beschreiben, nichts anderes sei als die Schwerkraft, die von der
Erde ausgehend auf den Mond durch den leeren Raum hindurch
in gleicher Weise wirkt wie auf jeden irdischen Körper an der
Erdoberfläche. Newton kam so zur Aufstellung des allgemeinen
Gravitationsgesetzes. Dieses behauptet, daß zwischen zwei
Massen eine Anziehungskraft besteht, die um so stärker ist, je
größer das Produkt der beiden Massen und je kleiner das Quadrat
ihres Abstandes ist. Es gelang Newton bald zu zeigen, daß die
von Kepler gefundenen empirischen Gesetze, insbesondere das
erste und dritte der Planetenbewegung um die Sonne, direkt und
genau aus seinem Gravitationsgesetz folge. Damit war die solide
Grundlage einer „Himmelsmechanik" gelegt, die Mechanik des
ganzen Sonnensystems auf ein einziges, denkbar einfaches Gesetz
zurückgeführt. Erstaunlich ist, daß Newton, der das Gravitationsgesetz schon um 1666 in Händen hatte, dieses erst 1687 veröffentlichte. Bemerkenswert auch, daß wir Newtons ersten Gedanken über diese rätselhafte Anziehungskraft eigentlich der Pest
in Cambridge zu danken haben, die ihn veranlaßte, die Stadt zu
verlassen, um damit seine intensiven, ihn damals ganz ausfüllenden
optischen Arbeiten abzubrechen.

Newton selbst schreibt: „. . . Im Januar 1666 hatte ich die
Farbtheorie und im Mai darauf hatte ich Zugang zu der umgekehrten Differentialrechnung (= Integralrechnung) und im

selben Jahr begann ich zu denken, daß die Schwerkraft sich auf den Mond erstrecke, und . . . aus Keplers Gesetz von den periodischen Umlaufzeiten der Planeten leitete ich ab, daß die Kräfte, welche die Planeten in ihren Bahnen halten, in umgekehrtem Verhältnis zu den Entfernungen vom Mittelpunkt stehen, um die sie sich drehen; dabei verglich ich die Kraft, die erforderlich ist, um den Mond in seiner Bahn zu halten mit der Schwerkraft an der Oberfläche der Erde und fand, daß sie ziemlich genau paßte. Alles das war in den Pestjahren 1665 und 1666, denn damals war ich in der ersten Blüte des Alters, in dem ich Erfindungen machte, und beschäftigte mich mit Mathematik und Philosophie mehr als zu irgendeiner anderen Zeit."

Bisher war von den Planeten nur in Form mathematischer Punkte im Weltraum die Rede, die mit bestimmten Eigenschaften wie Masse und Geschwindigkeit versehen waren und deren Bewegung gewissen Gesetzen folgt. Doch genau wie unsere Erde sind auch die anderen Planeten Himmelskörper mit vielen Millionen Quadratkilometern Oberfläche, über die eisige oder heiße Winde wehen, mit Wolken, Nebelschwaden, Schneefeldern und Sandstürmen.

Die Beobachtung der Planetenoberflächen mit dem Fernrohr ist äußerst schwierig und wird besonders durch die ungleichförmige Erwärmung der Erdatmosphäre erschwert, durch die hindurch man beobachten muß. Der Astronom nennt diese störende Erscheinung Luftunruhe. Sie bringt die winzigen Planetenscheibchen im Fernrohr zum Zittern und macht sie unscharf. Diese Luftunruhe macht es z. B. unmöglich, auf der Sonnenoberfläche Einzelheiten zu erkennen, die kleiner als etwa 800 km sind; auf dem sehr viel näheren Erdmond Gegenstände, die kleiner sind als 100 m.

Sehr viel zuverlässigere Auskunft über die physische und chemische Beschaffenheit der Planetenoberflächen und der Atmosphären erhält man aus den Spektren des von den Planeten reflektierten und dabei veränderten Sonnenlichtes. Die folgende Aufstellung gibt einen kurzen Überblick über die astronomischen und physischen Eigenschaften der Planeten.

Merkur: Er steht der Sonne am nächsten und ist kaum größer als unser Mond. Das blendende Licht der nahen Sonne und die

Notwendigkeit, ihn durch die sonnenbeschienene Erdatmosphäre hindurch zu studieren, erschweren seine Beobachtung außerordentlich. Infolge seiner kleinen Masse vermag er nur eine sehr geringe Lufthülle zu halten. Seine Oberflächentemperatur liegt wahrscheinlich um 200°C. Seine Bahn gehorcht nicht streng dem Keplerschen Gesetz. Die Abweichungen fanden ihre Deutung durch die Einsteinsche Relativitätstheorie, die für die große Bahngeschwindigkeit des Merkur eine Massenzunahme voraussagt.

Venus: Neben Mond und Sonne ist sie das hellste Gestirn, das sogar deutliche Schatten zu werfen vermag. Als Morgen- und Abendstern ist sie am Taghimmel sichtbar. Auch sie steht der Sonne näher als wir und hat dementsprechend eine Oberflächentemperatur von etwa +50°C. Die Oberfläche ist dauernd durch dichte weißlich-gelbe Wasserwolken verdeckt, die etwa 70% des Sonnenlichtes zurückwerfen. Diese Wolken machen sie zum hellsten aller Planeten. Die Atmosphäre enthält sehr viel Kohlendioxyd, jedoch wohl keinen freien Sauerstoff. Über ihre Rotationsdauer ist man im Unklaren, wahrscheinlich ist sie kurz.

Erde: In Abstand und Größe ähnelt die Erde der Venus. Von unseren Bahnnachbarn Mars und Venus aus würde sie, die 43% des auf sie fallenden Sonnenlichtes zurückwirft, gleich hell wie der Mars für uns erscheinen. Mit dem Fernrohr sollte die Aufteilung in Land und Meer, größere Wolkenfelder sowie die Farbumschläge der Jahreszeiten gelegentlich gut erkennbar sein, wie überhaupt der Planet Erde wohl die abwechslungsreichste Oberfläche zu bieten vermag. Spuren menschlicher Aktivität würden nur sehr vereinzelt und unter besonders günstigen Bedingungen erkennbar sein, da das kleinste noch nachweisbare Detail kaum kleiner als 70 km sein wird.

Mars: Er ist auffällig rötlich gefärbt. Da er außerhalb der Erde um die Sonne kreist — er braucht 2 Erdenjahre dazu —, so ist sein Abstand und damit auch seine Helligkeit und sein scheinbarer Durchmesser sehr wechselnd. Alle 17 Jahre kommt er der Erde sehr nahe (das letzte Mal 1956) und erscheint dann so groß wie eine Scheibe von 25 cm Durchmesser in 2 km Abstand. Er ist fast genau so groß wie die Erde, auch seine Umlaufzeit stimmt mit der unsrigen überein. Seine Atmosphäre ist sehr viel dünner als die der Erde. Die Lufttemperatur schwankt zwischen —40 und +25°C. Es gibt wenig oder gar kein Wasser. Nur gelegentlich tauchen kleine weiße Wolken auf. Ausgedehnte gelbliche Staubstürme werden beobachtet, die die ganze Farbe des Planeten vorübergehend verändern. In den äquatorialen Wüstengebieten scheint die Marsoberfläche derjenigen unseres Mondes zu ähneln. Die weißen Polkappen, von denen infolge der Achsneigung jeweils nur eine sichtbar ist, haben ihre Zusammensetzung durch ihr Reflektionsvermögen im Infraroten verraten. Sie bestehen aus gewöhnlichem Eis bei sehr niedriger Temperatur. Eine endgültige Entscheidung, ob die grünen Gebiete auf dem Mars von sehr einfachen kältebeständigen Pflanzen (Flechten) herrühren oder von Kristallen, die sich entsprechend der Jahreszeit verfärben, ist noch nicht getroffen. Zwei Monde umkreisen den Mars im Abstande von 9000 und 30000 km. Sie können nur mit größeren Fernrohren gesehen werden.

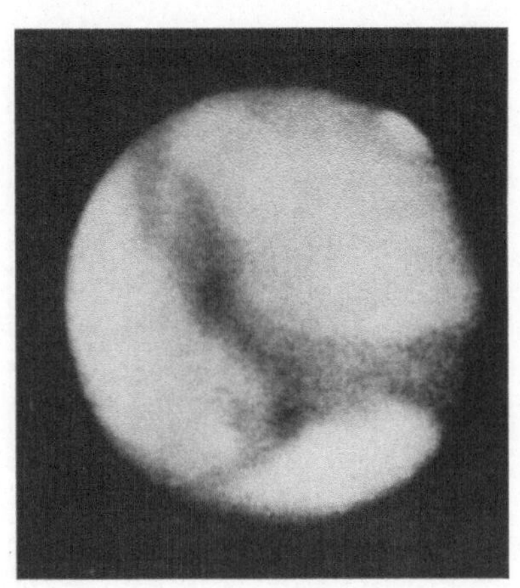

Abb. 7. Der Mars

Jupiter: Schon mit einem einfachen Fernrohr kann man ihn gut beobachten. Sein Licht ist gelblich, nie ist er dunkler als der Sirius. Er ist in 5 Erdentfernungen von der Sonne und läuft in 12 Jahren um. Sein Durchmesser beträgt 142000 km, fast $^1/_{10}$ des Sonnendurchmessers. Seine Rotationszeit beträgt 9 Std und 50 min, er ist daher merklich abgeplattet. Entsprechend seiner großen Masse vermag er eine sehr dichte und ausgedehnte Atmosphäre zu halten, die große Mengen von Sumpfgas, Ammoniak und Wasserstoff enthält. Die feste Oberfläche des Planeten ist durch dichte, sich stetig verändernde Wolken verdeckt, die wahrscheinlich aus kleinen Ammoniakkristallen bestehen. Die Temperaturen liegen um —170°C. Dementsprechend müssen die tiefsten Teile der Atmosphäre verflüssigt sein. Verschiedene Gebiete der Jupiter-Oberfläche strahlen dauernd Radiowellen aus, die auf explosionsartige Gasbewegungen schließen lassen.

Saturn: Mit seinen beiden auffälligen Ringen und seinen 10 Trabanten ist er der prächtigste der Planeten. Er erscheint mattgelb und läuft in 29,5 Erdenjahren um die Sonne. Er ist fast so groß wie Jupiter und hat eine dichte Lufthülle mit einer Temperatur von etwa —150°C, Hauptbestandteil ist auch hier Sumpfgas. Seine ausgedehnten Ringe haben nur eine Dicke von 30—50 km. Spektroskopisch hat man nachgewiesen, daß sie aus kleinen Körpern bestehen, die nach den Keplerschen Gesetzen im Schwerefeld des Saturns umlaufen. Diese Teilchen sind mit einer Eisschicht bedeckt. Vielleicht bestehen sie auch ganz aus Eis. Die Gesamtmasse der Ringe ist winzig im Vergleich zur Masse des Saturns.

Abb. 8. Der Jupiter

Uranus: Er wurde erst 1781 von Herrschel entdeckt. Er läuft in 84 Jahren um die Sonne und ist gerade noch mit bloßem Auge sichtbar. Sein Durchmesser beträgt 50000 km. Er hat 4 Monde, deren Bahnen fast senkrecht auf der Ekliptik stehen. Seine Gashülle ist sehr dicht, doch sind keine Einzelheiten erkennbar. Seine Rotationsdauer beträgt nach spektroskopischen Messungen wahrscheinlich $10^3/_4$ Std.

Neptun: Wurde 1846 entdeckt. Seine Umlaufzeit beträgt 165 Jahre. Er ist für das bloße Auge unsichtbar. Sein Durchmesser beträgt 54000 km. Seine Rotationsdauer ist wahrscheinlich $7^3/_4$ Std. Er hat einen Trabanten. Seine Temperatur ist außerordentlich niedrig.

Pluto: Wurde erst 1930 entdeckt. Er kann nur mit größeren Fernrohren gesehen werden. Wegen seiner großen Umlaufzeit bewegt er sich nur sehr langsam relativ zum Fixsternhimmel und ist somit schwer als „Wandelstern" zu erkennen. Er ist etwa so groß wie der Mars.

Keiner der Planeten unseres Sonnensystems zeigt Bedingungen, unter denen sich Leben, wie wir es auf der Erde kennen, entwickeln könnte. Auch kann man keinen von ihnen als „bewohnbar" bezeichnen. Am ähnlichsten der Erde sind noch die Verhältnisse auf unseren Bahnnachbarn Mars und Venus. Doch auch hier ist die Abwesenheit von Sauerstoff — wahrscheinlich eine unmittelbare Folge der Vegetationslosigkeit — kaum mit unseren Vorstellungen über die Bedürfnisse höher entwickelter Lebewesen vereinbar. Damit soll in keiner Weise gesagt sein, daß unsere Erde der einzige mit lebenden Wesen bevölkerte Himmelskörper sei.

Das Studium der Eigenbewegung zahlreicher Fixsterne hat gezeigt, daß viele unter ihnen von unsichtbaren, kühleren Satelliten umkreist werden. Es wäre vermessen zu glauben, daß unter diesen ungezählten kühlen Himmelskörpern keiner sei, auf dem nicht irgend eine Form von Leben vorkommt.

Abb. 9. Der Saturn

Die Sonnenfamilie besteht nicht nur aus der Sonne und ihren 9 großen Planeten. In dem großen Zwischenraum zwischen den Bahnen des Mars und des Jupiter kreisen (vgl. Abb. 3) unzählige sogenannte kleine Planeten oder auch Planetoiden, die in ihrer Gesamtheit einen richtigen Ring bilden. Ihre Zahl wird auf über 3000 geschätzt. Für mehr als 1000 von ihnen sind die Bahnen auf Grund von Einzelbeobachtungen genau berechnet worden. Die größten dieser kleinen Planeten haben noch ganz respektable Durchmesser, z. B. Ceres 780 km, Pallas 490 km und Vesta 390 km. Die Mehrzahl ist jedoch kleiner als 100 km. Die Gesamtmasse des ganzen Planetoidenringes ist kaum größer als die unserer Erde.

Die Kometen. Eine weitere Klasse sehr merkwürdiger Mitglieder des Sonnensystems sind die Kometen, die gerade in neuerer Zeit wieder das besondere Interesse der Astrophysiker erregt haben. Im Mittelalter erzeugten sie großen Schrecken und als Folge der entstehenden Panik auch Hungersnöte. Heute haben sie nichts Furchterregendes mehr an sich, geben aber dafür dem Sonnenphysiker besonders schwierige Rätsel auf.

Meist sind sie sehr unscheinbare Objekte am Himmel, eine rundliche Nebelmasse, in der Mitte etwas heller. Im Gegensatz zu den Planeten sind die Himmelskörper, die auf sehr exzentrischen Bahnen um die Sonne kreisen. Die Umlaufzeiten liegen zwischen einigen Jahren — bis zu 10 Jahren Umlaufzeit nennt man sie kurz-periodisch — und einigen 1000 Jahren. Die Gesamtzahl der im Sonnensystem kreisenden Kometen wird auf über 1000 geschätzt. Mit Annäherung an die Sonne erwärmt sich der Kopf der Kometen, der aus einer Ansammlung von Steinbrocken besteht, und beginnt Gase auszuschwitzen, im wesentlichen Kohlenstoff-Wasserstoff-Verbindungen. Auf diese Gase wirkt unmittelbar nach ihrem Austritt aus dem Kometenkern eine starke Kraft, die sie in einer Richtung forttreibt, die stets von der Sonne weggerichtet ist. So entsteht erst in Sonnennähe der bekannte Kometenschweif, der fast ausnahmslos von der Sonne

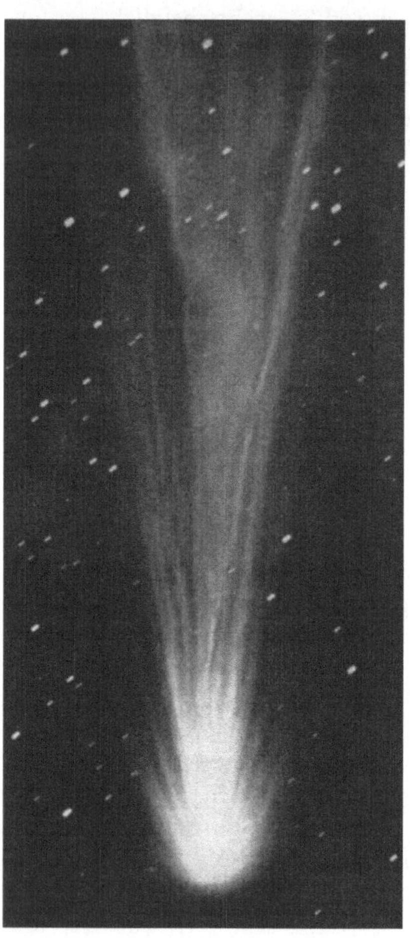

Abb. 10. Komet „Morehouse 1908 III"

weg zeigt, wie dies in der Abb. 11 schematisch dargestellt ist. Bis vor einigen Jahren glaubte man, daß diese Kraft von der Lichtstrahlung der Sonne auf die verdampften Atome ausgeübt würde. Es stellte sich jedoch heraus, daß die Sonnenstrahlung bei weitem nicht ausreicht, es sei denn, man würde phantastische Annahmen über die Strahlungsstärke des ultravioletten Sonnenlichtes machen. Diese würden dann im Widerspruch stehen mit anderen Beobachtungen. Man nimmt daher heute an, daß die Kometenschweife nicht durch das Sonnenlicht, sondern durch einen kosmischen Wind von der Sonne weggetrieben werden, der von der Sonne radial nach allen Seiten in den interstellaren Raum hinausbläst. Dieser Wind ist sehr rasch, er bewegt sich

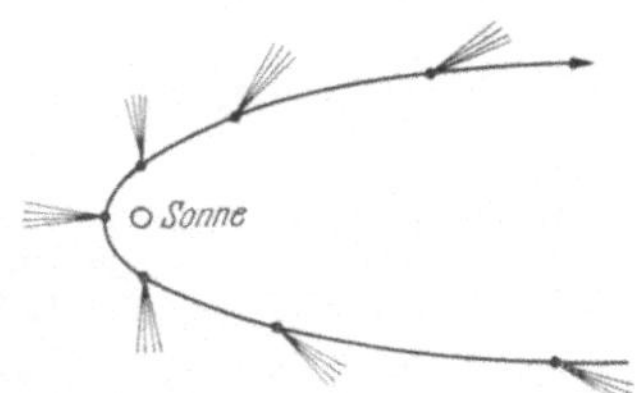

Abb. 11. Die Schweiforientierung der Kometen

mit einigen 100 km in der Sekunde, doch die Dichte dieses kosmischen Gasstromes ist äußerst gering. Es sind wohl nur einige 1000 Wasserstoffkerne (Protonen) und Elektronen im Kubikzentimeter. Diese verdampfen ununterbrochen aus der sehr heißen äußersten Hülle der Sonnenatmosphäre, der Sonnenkorona (vgl. S. 61). Die Kometenschweife stellen daher heute ein sehr wichtiges Hilfsmittel des Sonnenphysikers dar, da sie nicht nur gestatten, die am Erdboden unsichtbare, extrem ultraviolette Strahlung der Sonne, sondern auch die Wirkungen der von der Sonne ausgehenden Materiestrahlung — man nennt sie Korpuskularstrahlung — zu studieren. Kometen sind also im Augenblick

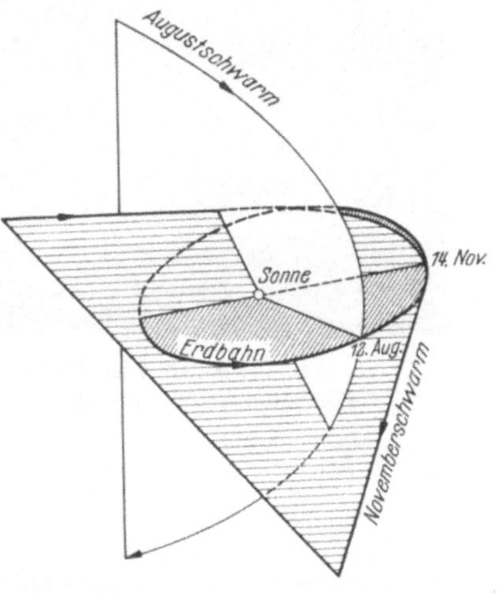

Abb. 12. Die Bahnen der Meteorströme

die vorgeschobensten Beobachtungsposten des an die Erde gebundenen Astrophysikers.

Die Meteore. Die kleinsten und zahlreichsten Kinder der Sonnenfamilie sind schließlich die Meteore. Dringen diese bei ihrem Flug durch den Weltraum in die Erdatmosphäre ein, so erhitzen sie sich (infolge ihrer großen Geschwindigkeit von etwa 30 km/sec) durch Reibung derart, daß sie meist in Form von Sternschnuppen in sehr großen Höhen verdampfen. Schon winzige Steinchen von einigen Milligramm Gewicht vermögen eine gut sichtbare Leuchterscheinung hervorzurufen. Besonders große Meteore werden auch Feuerkugeln genannt. Von ihnen erreichen gelegentlich Bruchstücke, sogenannte Meteoriten, unversehrt die Erdoberfläche. Diese Feuerkugeln zeigen längs ihrer Bahn durch die Atmosphäre einen stetigen Helligkeitsanstieg, der dann zum Schluß häufig einen explosionsartigen Charakter annimmt. Die Frage nach dem Ursprung der Meteore ist bis heute nicht eindeutig beantwortet. Manche Beobachtungen sprechen für einen Ursprung im Raum der Sterne, andere dafür, daß sie

Abb. 13. Das Zodiakal- oder Tierkreislicht (Zeichnung von TROUVELOT)

schon seit der Entstehung des Sonnensystems genau wie die Planeten um die Sonne kreisen. An gewissen Tagen im Jahr nimmt die Zahl der Sternschnuppen regelmäßig zu. Man kann dann schon in einer Stunde Hunderte von Sternschnuppen verfolgen. Es handelt sich hierbei um Meteorströme, die die Sonne auf elliptischen Bahnen umkreisen und dabei periodisch einmal im Jahr die Erde treffen. In der Abb. 12 sind die Bahnen der bekanntesten sogenannten Ekliptikalströme aufgezeichnet. Der eingezeichnete Kreis stellt die Erdbahn um die Sonne dar. Neuerdings beobachtet man die Meteore — übrigens auch bei Tage — mit Radargeräten, indem man die von den ionisierten

Meteorschweifen reflektierten elektromagnetischen Wellen nach Richtung und Stärke registriert.

Staub und Gas. Das Inventarverzeichnis unseres Sonnensystems wäre nicht vollständig ohne die sehr verdünnte Materie, die den Raum zwischen den Planeten füllt. Wie besonders die Untersuchungen der letzten Jahre gezeigt haben, ist diese Materie zum Teil gasförmig, zum Teil besteht sie aus sehr schwarzen Staubteilchen. Während das Gas einen großen abgeplatteten kugelförmigen Raum ausfüllt, in dessen Mitte sich die Sonne befindet, scheint die staubförmige Materie einen flachen Ring um die Sonne in der Ebene der Planetenbahnen zu bilden. Der Raum unmittelbar um die Sonne ist frei von Staubteilchen, da diese dort durch die Sonnenwärme verdampft sind. Befindet sich der Beobachter im Schatten der Erde, etwa kurz nach Sonnenuntergang, so sieht er unter günstigen Umständen das von dem interplanetaren Staub und den Elektronen zurückgeworfene Sonnenlicht in Form einer Lichtpyramide, die sich über den Horizont erhebt und deren Helligkeit etwa die der Milchstraße erreichen kann. Man nennt diese wunderbare Lichterscheinung Zodiakal- oder Tierkreislicht. Abb. 13 zeigt das Zodiakallicht, wie es der Astronom E. L. Trouvelot vor 80 Jahren zeichnete.

3. Die Sonnenoberfläche

Beobachtung und Größenverhältnisse. Betrachtet man die Sonne durch ein berußtes Glas, so erscheint sie etwa so groß wie ein Tennisball im Abstand von 15 m. Man wird daher kaum erwarten, mit dem bloßen Auge Details auf ihrer Oberfläche zu entdecken. Dennoch wurden gelegentlich größere Gruppen von Flecken ohne Fernrohr gesehen, wenn etwa durch Nebel oder durch eine abschwächende Wolke die blendende Helligkeit gerade entsprechend vermindert war.

Im Fernrohr erscheint die Sonne als leuchtende, zum Rande hin etwas dunklere, nahezu weiße Scheibe, wie in der Abb. 14. Durch diese Randverdunkelung entsteht tatsächlich der Eindruck einer Kugel. Die ganze Scheibe zeigt feine Strukturen, in den äquatornahen Gebieten treten gelegentlich die dunklen Sonnenflecken und in der Nähe des Sonnenrandes die hellen Fackelgebiete hinzu.

Die Beobachtung der Sonne erfolgt am besten, indem man nicht
in das Fernrohrokular hineinsieht — man müßte dann ein sehr
stark abschwächendes Schwarzglas vor das Fernrohrobjektiv
halten —, sondern indem man durch das Okular das Bild der

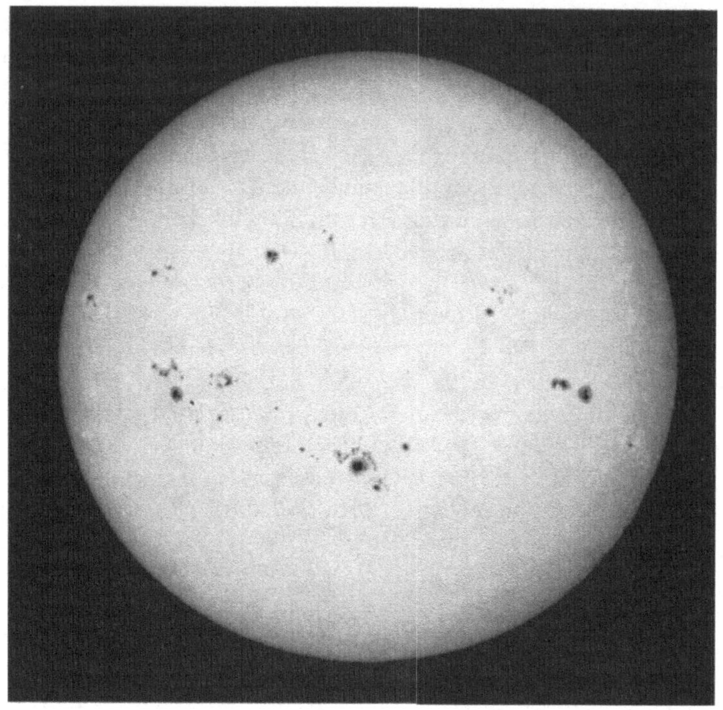

Abb. 14. Die Sonnenscheibe im Fernrohr

Sonne auf einem Papierschirm entwirft. Dieser Schirm wird durch
ein paar Stäbe fest mit dem Fernrohr verbunden. In der Abb. 15
ist ein solches Fernrohr dargestellt. Als Durchmesser des Sonnenbildes wählt man am besten 150 mm, dann entspricht 1 mm im
projizierten Bild etwa 10 000 km auf der Sonne und alle Einzelheiten
sind gut erkennbar. Die Brennweite des Fernrohres ist im Grunde
belanglos, sie sollte jedoch nicht weniger als 60 cm betragen, die
Öffnung des Objektives mindestens 60 mm. Auch sollte das Objektiv mehrlinsig sein, um störende Farbränder zu vermeiden.

28

Trotz optisch einwandfreiem Fernrohr wird das Bild der Sonne auf dem Schirm nicht ganz scharf erscheinen. Der Sonnenrand und die auf der Sonnenscheibe erkennbaren Einzelheiten führen außerdem Zitterbewegungen aus. Diese beiden störenden Effekte werden durch die Erdatmosphäre hervorgerufen. Das uns erreichende Sonnenlicht durchläuft Luftkörper sehr unterschiedlicher Temperatur, die dauernd vor dem Fernrohr vorbeifliegen. Dabei wird der Lichtstrahl ein klein wenig hin- und hergelenkt. Auf diese Weise entsteht das Zittern des Sonnenbildes. Während die Unruhe des Bildes mehr auf der Wirkung der fernrohrnahen Luftschlieren beruht, wird die allgemeine Unschärfe des Sonnenbildes oder die Verwaschung mehr durch das Zusammenwirken der unzähligen fernen Luftschlieren hervorgerufen. Gegen diese störenden Einflüsse der

Abb. 15. Sonnenfernrohr

Erdatmosphäre gibt es kein Heilmittel. Es gibt Observatorien mit „guter" Luft und solche mit schlechten Beobachtungsbedingungen. Doch man kennt heute ungefähr die meteorologischen Bedingungen, die für hochwertige astronomische Beobachtung erforderlich sind.

Die Granulation. Die Oberfläche der Sonne, soweit man bei einem glühenden Gasball von einer Oberfläche sprechen kann, ist nicht eine gleichmäßig leuchtende Fläche. Das erkennt man schon aus der Abb. 14. Sieht man sich die Sonne sehr stark vergrößert und bei sehr guten Sichtbedingungen an, also bei „ruhiger" Luft, so erscheint sie fast wie mit Steinen gepflastert. In der Abb. 16 ist eine besonders gute Aufnahme dieser körnigen Oberflächenstruktur abgedruckt. Man nennt sie Granulation. Diese Aufnahme wurde schon 1885 von Janssen in Paris gemacht. Damit nicht irgend jemand auf den Gedanken kommt, diese Aufnahme sei retuschiert, schreibt er darunter: „obtenue sans aucune intervention de la main humaine." Die einzelnen „Pflastersteine" der Sonnenoberfläche, die nur unter günstigen Beobachtungsbedingungen erkennbar sind, haben Durchmesser von 600—1500 km

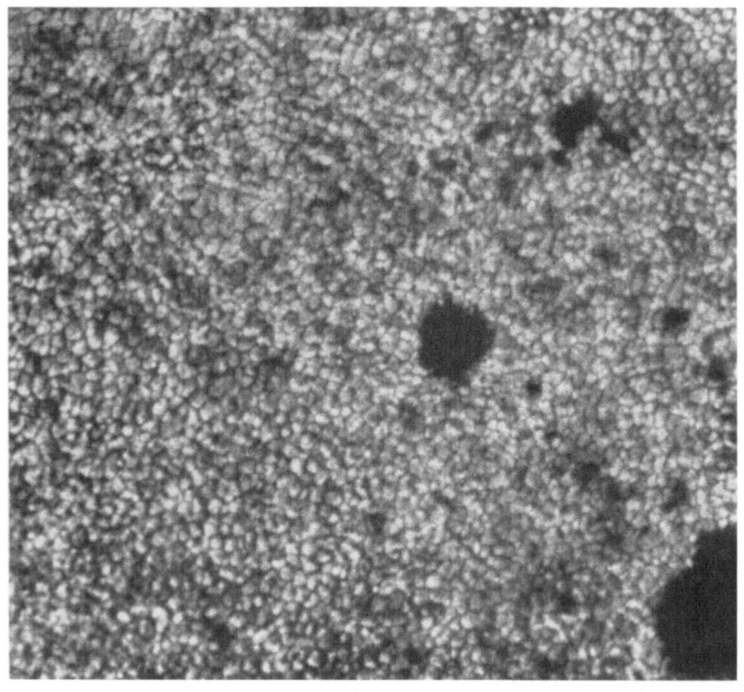

Abb. 16. Die Sonnengranulation (Aufnahme JANSSEN 1885)

und sind, wie es scheint, ähnlich wie Bienenwaben sechseckig ineinander verschachtelt. Trotz ihrer Größe lösen sich die einzelnen Granulen immer wieder auf und bilden sich neu. Im Mittel beträgt ihre Lebensdauer einige Minuten. Die Vorgänge, die sich hier abspielen, sind also offenbar sehr heftige, denn wolkenartige Gebilde von der Größe Deutschlands werden innerhalb weniger Minuten aufgebaut und wieder zerstört.

In sehr viel gemäßigterer Form kann man diesen Vorgang der Sonnengranulation im Experiment nachahmen, wenn auch nur in

qualitativer Weise. Erhitzt man nämlich eine Ölschicht von einigen
Millimetern Dicke von unten, so entsteht ein instabiler Zustand,
da die bodennahen Teile des Öles wärmer und dadurch spezifisch
leichter werden als jene an der Oberfläche, die ihre Wärme an die
Umgebung abgeben. So kommt es, daß die heißen Teile von unten
nach oben steigen, die kalten dagegen von oben heruntersinken.
Der beschriebene Ausgleich von Wärme und Kälte erfolgt nun

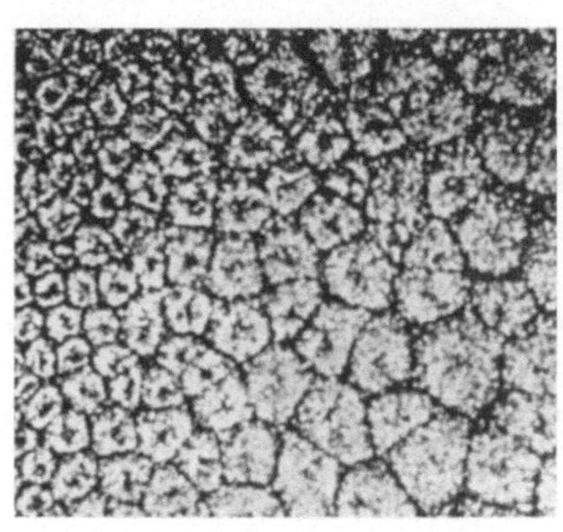
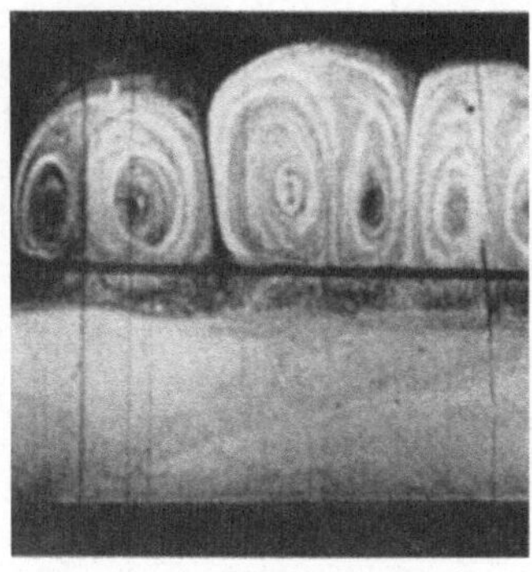

Abb. 17   Abb. 18

Abb. 17. Künstliche Konvektionszellen in einer flachen Ölschicht
Abb. 18. Konvektionszellen am Rand im Querschnitt

merkwürdigerweise in Form von ziemlich regelmäßigen sechs-
eckigen Strömungszellen. Innerhalb jeder Zelle strömt die Flüssig-
keit in der Mitte empor und am Rande herunter. In der Abb. 17
ist die Strömung durch Beimischung feinen Aluminiumpulvers
sichtbar gemacht. Im Querschnitt kann man die Strömungsfigur
innerhalb einer Konvektionszelle durch Zigarettenrauch sichtbar
machen. In der Abb. 18 erkennt man einen elektrischen Heizdraht,
der quer durch die untere Hälfte einer Glaskuvette läuft. Die Ku-
vette war vor Einschalten des Heizstromes bis zum Draht mit
Rauch gefüllt. Nach Einschalten der Drahtheizung stellt sich dann
rasch der abgebildete Strömungszustand her.

Im Prinzip trifft man auch in unserer eigenen Atmosphäre auf
sehr ähnliche Vorgänge. Insbesondere bei den Altocumulus und
Cirrocumuluswolken (Schäfchenwolken) treten ähnliche Strukturen auf.

In allen drei Fällen, im Flüssigkeitsversuch, in den Schäfchenwolken und auf der Sonne ist der Vorgang rein äußerlich der gleiche. Dennoch sind die Kräfte, welche die Strömung antreiben, verschiedener Art. Im Experiment ist die elektrische Heizplatte die antreibende Ursache. In der Erdatmosphäre ist die Deutung schon etwas schwieriger. Die Nebeltröpfchen der Wolke sind hier nicht nur die Markierer der Luftströmung, sondern gleichzeitig die antreibende Energiequelle des Strömungsvorganges. Während wasserdampffreie Luft sich beim Aufsteigen in der Erdatmosphäre infolge ihrer Ausdehnung beträchtlich abkühlt, wird ein Luftkörper, in dem sich Wasserdampf kondensiert, infolge der dabei freiwerdenden Wärme nur sehr langsam abkühlen. Er wird so leichter als seine Umgebung bleiben und immer höher steigen. Der Antrieb erfolgt also durch die Verflüssigungswärme des Wasserdampfes. Auf der Sonne spielt sich physikalisch etwas sehr ähnliches ab, wenn auch die Ausmaße der Strömung und die Geschwindigkeiten sehr viel größer sind. In tieferen Schichten der Sonne ist der Wasserstoff, der Hauptbestandteil der Sonnenatmosphäre, infolge der hohen Temperatur vollkommen ionisiert. Die Elektronen haben sich vom Kern des Wasserstoffatoms, dem Proton, abgelöst und fliegen selbständig herum. Mit dem Empor steigen zur Sonnenoberfläche sinkt die Temperatur jedoch so ab, daß die Elektronen wieder von den Protonen eingefangen werden können. Bei dieser Vereinigung wird ganz ähnlich wie bei der Kondensation von Wasser, also der Vereinigung von Wassermolekülen, Wärme frei. Und diese Wärme heizt die Granulen der Sonnenatmosphäre und macht sie spezifisch leichter als die umgebende Atmosphäre, so daß sie emporsteigen. Die aufsteigenden Granulen der Photosphäre sind also heißer und damit auch heller als ihre Umgebung. Hierdurch entsteht der körnige Eindruck der Sonnenoberfläche. Nur 1 % der aus der Sonne herauskommenden Strahlungsenergie ist nötig, um diesen gewaltigen Strömungsvorgang in Gang zu halten. Die Photosphäre der Sonne, die Schicht, aus der die Sonnenstrahlung kommt, stellt sich also als ein in steter Wandlung begriffenes Feld von eng aneinandergrenzenden Wirbelstürmen heraus. Die Windgeschwindigkeiten betragen einige Kilometer in der Sekunde, während sie es in unserer eigenen Atmosphäre selbst während eines Orkans nur bis zu etwa 100 m in der Sekunde bringen.

Da das Linien- oder auch Fraunhofer-Spektrum der Sonne (vgl.
S. 42) auch im Niveau der Granulen entsteht, so hat man neuerdings versucht, auf dem Umwege über den Dopplereffekt (Wellenlängenänderung der Linien infolge Bewegung der leuchtenden Atome relativ zum Beobachter) Auskunft über die Strömungsgeschwindigkeiten zu bekommen. Das in der Abb. 19 mit einem hochauflösenden Vakuumspektrographen (vgl. S. 51) bei besonders ruhiger Luft aufgenommene Sonnenspektrum zeigt eine

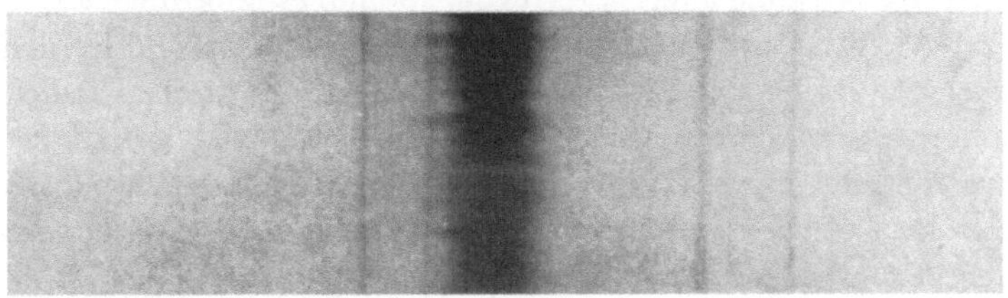

Abb. 19. Spektrum der Sonnengranulation Wasserstofflinie (McMath Observatory, USA)

gewisse Zahnung der Linien. Jede Ausbuchtung entspricht immer einzelnen Granulen. Diese spektroskopische Methode der Geschwindigkeitsbestimmung ergibt Werte um 500 m/sec.

Obgleich noch kein Astronom die Strömungsvorgänge innerhalb eines einzelnen Sonnengranulum wirklich hat verfolgen können, und obgleich der Untergrund, aus dem dieses System von Wirbeln herauswächst, unserem Blicke für immer entzogen ist, so ist es dennoch gelungen, diesen Vorgang durch theoretische Überlegungen und Modellexperimente aufzuklären. Leider gibt es auf der Sonne noch zahlreiche andere Erscheinungen, die besser beobachtet werden können als die Granulation, jedoch immer noch Gegenstand von Spekulationen sind und sich nicht streng physikalisch deuten lassen.

4. Das Sonnenlicht

Licht kommt stets von Atomen. Das Licht ist unsere einzige Brücke zum Weltraum, es gibt uns Kunde von der Existenz der Sterne, von ihrer Position am Firmament, von ihrer Entfernung. Und wo bliebe die Herrlichkeit unserer nahen Umwelt ohne die Vermittlung des Lichtes in allen seinen Nuancen? Man könnte das ganze Gebiet der astronomischen und astrophysikalischen Forschung auch die Enträtselung der Lichtbotschaften aus dem Weltraum nennen. In diesem Kapitel wollen wir einen Anfang machen, das Sonnenlicht nach der Sonne zu befragen.

Alles Licht, gleichgültig ob es aus dem Weltraum kommt, von einer Glühbirne oder von einem Leuchtkäferchen, wird von Atomen oder von den noch kleineren Bausteinen der Materie, den Elektronen, ausgesendet. Soll dieses Licht spürbare oder gar meßbare Wirkungen hervorbringen, so muß es unbedingt wieder von Atomen verschluckt, der Physiker sagt: absorbiert werden. Die Absorption des Lichets kann in einem elektrischen Belichtungsmesser, in einer photographischen Platte oder in der Netzhaut unseres Auges stattfinden. Der Weg des Lichtes geht für uns also stets vom kosmischen zum irdischen Atom. Und das eigentliche Programm des Astrophsyikers ist, aus dem Verhalten des vom Licht getroffenen irdischen Atoms auf den physikalischen Zustand des lichtaussendenden Atoms zu schließen. Im Grunde sind es nur zwei Eigenschaften des Lichtes, die der Astrophysiker benutzt: seine Stärke und seine Farbe. Das erstere ist eine Quantität, das letztere eine Qualität.

Die Stärke der Sonnenstrahlung. Wie stark strahlt die Sonne? Wenn man eine völlig schwarze, mit Wasser gefüllte Büchse in die Sonne hielte, so würden sich Büchse und Wasser erwärmen. Die mit einem Thermometer gemessene Temperaturerhöhung des Wassers nach einer Stunde Sonnenbestrahlung wäre ein sinnvolles Maß für die Stärke der Sonnenstrahlung. Man könnte dann versuchen, die gleiche Erwärmung durch elektrische Heizung hervorzurufen. Die hineingesteckte elektrische Energie — z. B. 0,1 Kilowattstunde — ist dann die Energiemenge, die von der Sonne in einer Stunde auf die Büchse gefallen ist. Die meisten Geräte zur Messung der Strahlungsstärke der Sonne beruhen auf diesem einfachen Prinzip. Man nennt sie Pyrrheliometer.

Langjährige Messungen, bei denen man sich sehr Mühe gegeben hat, die Strahlungsschwächung in der Erdatmosphäre zu eliminieren — an einem klaren Tag beträgt sie etwa 20 % —, haben ergeben, daß die Sonne auf jeden Quadratmeter der Erdoberfläche etwa 1 Kilowatt Strahlungsenergie heruntergießt, oder in einem anderen Maß 1,90 kleine Kalorien je Quadratzentimeter und Minute. Wollte man die Erde also genau so erwärmen wie es die Sonne tut, so müßte man für jeden Quadratmeter etwa ein Kilowatt aufwenden. Das wäre selbst für einen kleinen Garten unerschwinglich.

Die technische Ausnutzung der Sonnenstrahlung. Alle auf der Erde verfügbare Energie stammt letzten Endes von der Sonne. Selbst die Kohlen und das Öl, womit wir heute unsere Häuser heizen, das Benzin, das unsere Autos antreibt, sind uralte photochemische Produkte der Sonnenstrahlung, die durch ihre Einwirkung auf Kohlenstoff, Sauerstoff und Stickstoff Chlorophyll erzeugte und Pflanzen werden ließ, deren verkohlte Überreste heute noch die meist genutzten Energiespeicher der Erde sind.

Die direkte und unmittelbare technische Ausnutzung der Energie der einfallenden Sonnenstrahlung kann auf verschiedene Weise geschehen.

1. Durch einen stets auf die Sonne ausgerichteten Hohlspiegel wird die Sonnenstrahlung auf einen kleinen Querschnitt konzentriert und erhitzt dort Wasser. Der erzeugte Dampf treibt eine Dampfmaschine. Man gewinnt so mechanische oder elektrische Energie mit einem Wirkungsgrad von maximal 10 %. Solche Anordnungen haben sich nur selten durchgesetzt.

2. Die konzentrierte Wärmestrahlung der Sonne wird benutzt, um Wasser zu erhitzen und Dampf zu erzeugen, die Überführung in eine andere Energieform erfolgt nicht. Der Dampf dient z. B. zum Betrieb einer Küche oder einer Konservenfabrik. In sonnenreichen Teilen Südrußlands sind mehrere derartige Anlagen in Betrieb. Die Sammelspiegel haben zum Teil über 10 m Durchmesser, sie produzieren etwa 60 kg Dampf von 7 Atmosphären in der Stunde. — Ein anderes Gerät gestattet, 1000 Liter Wasser am Tage zu destillieren und durch den Antrieb eines Kühlaggregates etwa 30 Tonnen Eis pro Tag zu erzeugen. — Ferner hat man in Rußland eine große Zahl von Sonnenküchen für Privathaushalte hergestellt, die mit einem Sammelspiegel von 1—2 m Durchmesser 6 Liter Wasser in der Stunde zum Kochen bringen. Die Spiegel müssen etwa halbstündig mit Hand der Sonne nachgeführt werden. Die mittlere Wärmeleistung einer solchen Sonnenküche entspricht einem elektrischen Herd von 600 Watt. Ähnliche Sonnenkocher sollen auch von der indischen Regierung in großer Zahl auf den Markt gebracht werden.

Schließlich kann man die Sonnenwärme auch ausnutzen, um Häuser zu heizen. Das gewöhnliche Glas eines Glasfensters hat nämlich die wunderbare Eigenschaft, die Sonnenstrahlung etwa zu 90 % hereinzulassen, die (unsichtbare) ultrarote Wärmestrahlung der durch die Sonne erwärmten Innenwände des Hauses aber zurückzuhalten. Glasfenster sind daher die einfachsten Fallen für Sonnenwärme. Nur so läßt sich verstehen, wie die Innentemperatur gelegentlich um mehr als 20° höher sein kann.

Abb. 20. Indischer Sonnenkocher

3. Die direkte Umsetzung der Energie der Sonnenstrahlung in elektrische Energie kann durch Photozellen oder durch großflächige Thermoelemente erfolgen, also ohne Zwischenschaltung des Dampfes. Leider stehen die außerordentlich hohen Kosten einer solchen Anlage vorerst in keinem Verhältnis zu dem geringen bis heute erreichten Wirkungsgrad, der kaum 10 % übersteigt. Man muß jedoch damit rechnen, daß die sich rasch entwickelnde Halbleitertechnik bald Materialien mit wesentlich besserem Wirkungsgrad wird anbieten können.

Die Kohlenvorräte der Erde und die Vorräte an Atomenergie sind vorerst noch zu groß, als daß man schon bemüht wäre, die Energie der Sonne ernstlich auszunützen. Solllte dies jedoch eines Tages nötig werden, so brauchten wir nicht besorgt zu sein.

36

Die technische Physik würde in Kürze ein brauchbares Verfahren herausbringen, Sonnenenergie in elektrischen Strom umzuwandeln.

Es muß hier schließlich noch erwähnt werden, daß es heute bereits eine hochentwickelte Technik der sogenannten Sonnenöfen gibt, bei denen ein stark konzentriertes Bündel der Sonnenstrahlung gestattet, Stoffe bei sehr hohen Temperaturen ohne jede Gefahr einer Verunreinigung zu untersuchen. Solche Schmelzöfen haben besonders im Südwesten der Vereinigten Staaten und in Frankreich Anwendung gefunden.

Die Solarkonstante. Da sich die Strahlungsstärke der Sonne nur sehr wenig ändert, hat man sie etwas voreilig als Solarkonstante bezeichnet. Später fand man dann, daß sie doch ein klein wenig schwankt. Sie zeigt an weit auseinanderliegenden Beobachtungsstationen nahezu die gleichen Schwankungen, die jedoch 1 % nur selten übersteigen. Die Sonne ist also offenbar ein recht zuverlässiger und gleichmäßig strahlender Stern. Gelegentlich hat es auch den Anschein, als ob sich die Solarkonstante mit der Häufigkeit der Sonnenflecken ändere. Diese Behauptung hat jedoch kritischen Nachprüfungen nicht ganz standgehalten. Von den kleinen Schwankungen der Sonnenstrahlung und ihrem Einfluß auf die Erde soll im letzten Kapitel noch die Rede sein.

Wie heiß ist die Sonne? Fahren wir mit der Entschlüsselung des Sonnenlichtes fort: Jeder weiß, daß ein Metall, etwa die Heizspirale eines elektrischen Ofens, um so mehr Wärmeenergie ausstrahlt, je heißer es ist, je höher also seine Temperatur. Das Gesetz, das den Zusammenhang zwischen der Temperatur des glühenden Körpers und der Stärke der ausgesendeten Strahlung beschreibt, ist seit langem bekannt. Es besagt, daß sich z. B. bei Verdopplung der Temperatur die ausgestrahlte Energie nicht auch verdoppelt, sondern die 2^4fache ist, d. h. auf den $2 \times 2 \times 2 \times 2 = 16$fachen Wert ansteigt. Wollte man nun aus der Stärke der Sonnenstrahlung, wie sie auf der Erde ankommt, auf die Temperatur der glühenden Sonnenoberfläche schließen, so darf man natürlich nicht außer acht lassen, daß unser Strahlungsmeßapparat nur einen winzigen Bruchteil der ganzen Sonnenstrahlung einfängt. Doch diesen Bruchteil kann man ausrechnen, wenn man die Entfernung der Sonne kennt. Man muß sich nur vorstellen, daß dieselbe Energiemenge, die — sagen wir — in der Sekunde aus der ganzen Sonnenkugel in alle Richtungen heraustritt, genau dieselbe sein muß, wie sie durch eine sehr viel größere, um die Sonne herumgelegte Kugelschale hindurchtritt, etwa diejenige, innerhalb der sich die Erde um die Sonne bewegt. Wäre dies nicht so, so müßte die Strahlung irgendwo im Raum verloren gehen oder sich anhäufen. Ist R der Radius dieser Kugel, nämlich der Abstand Sonne—Erde, so ist die Fläche dieser Kugel $4 \pi R^2$, während die Fläche der strahlenden Sonnenoberfläche $4 \pi r^2$ ($r =$ Sonnenradius) ist. Die Sonnenstrahlung verdünnt sich also von der Fläche $4 \pi r^2$ auf die Fläche $4 \pi R^2$. Da der Abstand Sonne—Erde (R) aber $200 \times$ Sonnenradius (r) ist, so verdünnt sich die Strahlung also auf $1/200^2 = 1/40000$. Um also die an der Sonnenoberfläche herrschende Strahlungsstärke herauszubekommen, muß die an der Erdoberfläche gemessene Strahlungsstärke, nämlich die Solarkonstante, mit der Zahl 40000 multipliziert werden. Auf solche Weise findet man, daß die Sonnenoberfläche eine Temperatur von etwa 6000°C haben muß. Das ist furchtbar heiß, denn ein rotglühendes Eisen hat nur etwa 600°, die weißglühende Spirale einer Glühlampe höchstens 2000°. Alle uns bekannten Substanzen würden bei dieser Temperatur in kürzester Zeit verdampfen, selbst der schwer schmelzende Kohlenstoff. Die Sonne ist daher gasförmig, und das, obgleich wir wissen, daß sie im Mittel etwa 1,4 g im Kubikzentimeter enthält, die Sonnenmaterie also im Durchschnitt das 1,4fache Gewicht des Wassers hat.

Wir wollen nun unsere Methode verfeinern und uns nicht nur für die Temperatur der uns zugekehrten Sonnenhalbkugel, sondern für die Temperatur einzelner Gebiete der Sonnenoberfläche interessieren. Wir benutzen dazu ein Fernrohr und erzeugen mit diesem ein Bild der Sonne auf einem Schirm. In diesen Schirm bohren wir ein Loch. Hinter dieses Loch setzen wir unser Strahlungsmeßgerät. Indem wir nun das Fernrohr schwenken, können wir unser Meßgerät auf jeden beliebigen Punkt der Sonnenoberfläche richten. Es stellt sich heraus, daß die Helligkeit der Sonnenscheibe zum Rand hin merklich abnimmt. Das sieht man ja auch deutlich in der Abb. 14. Aber auch die Temperatur der Sonnenoberfläche scheint zum Rand hin abzunehmen. Wie geht das zu? Die Abb. 21 wird uns helfen. Sie zeigt, wie tief man in die Sonne hineinsehen kann. Visiert man nämlich die Sonnenmitte

an, so blickt man senkrecht in die Sonnenatmosphäre hinein.
Man wird dann besonders tief hereinsehen können. Wandert der
Blick zum Sonnenrand, so sieht man immer schräger in die
Atmosphäre hinein, muß also eine immer dickere Gasschicht
durchdringen, um eine bestimmte Tiefe der Atmosphäre zu erreichen. Da das Gas der Sonnenatmosphäre aber die Strahlung
schwächt, so wird der Blick am Sonnenrande nur in viel geringere
Tiefe (von der Sonnenoberfläche aus gerechnet) reichen, wie dies
in der Abb. 21 durch die ge-
strichelte Linie veranschaulicht
wird. Kombinieren wir nun
die beobachtete Temperatur-
abnahme zum Sonnenrand mit
der jeweiligen Höhe, in die
unser Blick durchdringt, oder
auch aus der die Sonnenstrahlung noch zu uns gelangt, so
folgt ganz einfach: die Temperatur der Sonnenatmosphäre
muß nach außen hin abnehmen.

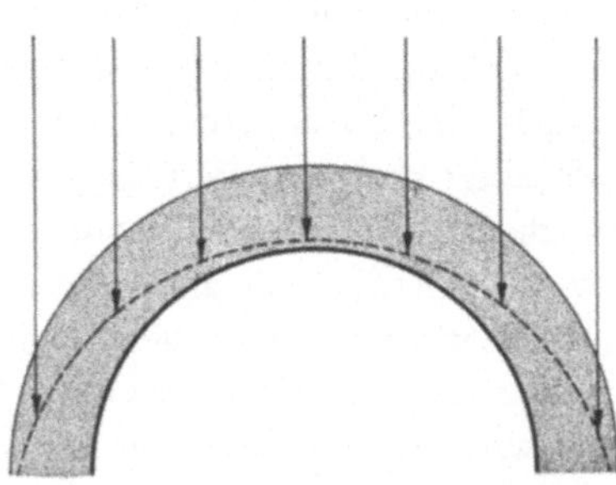

Abb. 21. Wie tief kann man in die
Sonnenatmosphäre hineinsehen?

Man nennt die strahlende Schicht, aus der das weiße Sonnenlicht
stammt, die Photosphäre. Man kann aus der beschriebenen Messung auch ihre Dicke ableiten, sie beträgt nur einige 100 km und
ist daher nur eine ganz dünne Haut der Sonnenkugel, deren
Durchmesser etwa 1 Million km beträgt. Und deswegen ist auch
der Sonnenrand so außerordentlich scharf und nicht etwa ver-
waschen, wie man das von einem glühenden Gasball eigentlich
erwarten sollte.

Diese glühende, leuchtende Haut der Sonne ist in Wirklichkeit
keine ruhende Gasschicht. Vielmehr spielen sich in ihr, wie wir
sahen, ununterbrochen gewaltige Strömungsvorgänge ab.

Das Spektrum der Sonne. Licht hat im wesentlichen zwei
Eigenschaften: Es hat eine bestimmte Stärke, auch Intensität genannt, und eine bestimmte Farbe. Die Stärke kann man etwa aus
seiner erwärmenden Wirkung messen oder mit einem Gerät, das
ähnlich wie ein Belichtungsmesser aus einer Photozelle und einem
Strommesser besteht. Mit der Farbe ist es schwieriger. Der Physiker meint mit ihr eine Eigenschaft des Lichtes, die auch dann

besteht, wenn das Licht ungesehen durch den leeren Raum geht. Der unphysikalische Mensch dagegen meint mit Farbe den Sinneseindruck, den ein Lichtstrahl hervorruft, der ihm ins Auge dringt. Diese beiden Farben sind nun leider recht verschieden. Die natürliche, mit dem Auge empfundene Farbe ist ziemlich ungeeignet für objektive Messungen des Lichtes. Es ist bekannt, daß das Auge nicht unterscheiden kann, ob das Licht einer grün wirkenden Lichtquelle durch Mischung von blauem und gelbem Licht entstand, oder ob das Licht von Anfang an grün war. Auch ist die Farbempfindung durchaus davon abhängig, ob die Farbe allein gesehen wird oder ob andere Farben in ihrer Nachbarschaft sind. Der Physiker charakterisiert das Licht durch seine Wellenlänge oder auch durch seine Schwingungszahl, denn das Licht muß ebenso wie eine Radiowelle als eine elektromagnetische Schwingung aufgefaßt werden. Auch die Radiowellen haben ja Wellenlänge und Frequenz. Die Wellenlänge des Lichtes ist außerordentlich klein, sie wird in Einheiten von hundert Millionstel Zentimeter, Ångström genannt, gemessen, die Frequenz in Schwingungszahlen pro Sekunde. Jeder Wellenlänge entspricht eine bestimmte Farbe. So ist Licht der Wellenlänge 5500 Ångström (das sind 0,000055 cm) eindeutig grün. Umgekehrt braucht aber grün aussehendes Licht durchaus nicht die obige Wellenlänge zu besitzen. Es kann sehr wohl durch Mischung von blauem Licht (Wellenlänge etwa 4500 Ångström) und gelbem Licht (etwa 5900 Ångström) zustande gekommen sein.

Das Spektroskop. Zur physikalischen Analyse des Lichtes verwendet man ein Spektroskop, wie es in Abb. 22 dargestellt ist. Das Licht der zu untersuchenden Lichtquelle, z. B. einer Glühlampe oder einer Gasflamme, fällt auf einen Spalt S. Das durch den Spalt tretende Licht wird mit Hilfe der beiden Linsen L_1 und L_2 auf dem Schirm abgebildet. Wäre das Glasprisma P nicht da, so würde auf dem Schirm ein scharfes, weißes Abbild des Spaltes erscheinen, ähnlich wie ein Photoapparat das Bild eines Gegenstandes auf einer Mattscheibe oder einer photographischen Platte entwirft. Fügt man jedoch das Prisma ein, so wird das Schirmbild des Spaltes merkwürdig zu einem farbigen Spektrum auseinandergezogen, das vom Blau über Grün, Gelb bis zum Rot reicht. Das Blau wird vom Prisma am stärksten, das Rot am schwächsten abgelenkt, oder, wie man sagt, gebrochen. Die lichtbrechende Wirkung des Prisma hängt aber nur von der Wellenlänge des Lichtes ab, oder mit anderen Worten: Jede Stelle am Schirm des Spektroskops entspricht einer bestimmten Wellenlänge, gleichgültig ob das Licht einer Glühlampe, der Sonne, oder eines Sterns auf den Spalt fällt.

Chemische Elemente haben ihre eigenen Spektrallinien. Hält man nun vor den Spalt nicht eine Glühlampe, sondern eine Gasentladungslampe, z. B. eine Neonröhre, wie sie zu Reklamezwecken Verwendung findet, so ist das auf dem Schirm entstehende Spektrum kein kontinuierliches farbiges Band mehr. Es werden nicht mehr alle Wellenlängen zwischen den Sichtbarkeitsgrenzen des Auges bei 4000 Ångström im Blauen und 7000 Ångström im Roten ausgesendet, sondern es

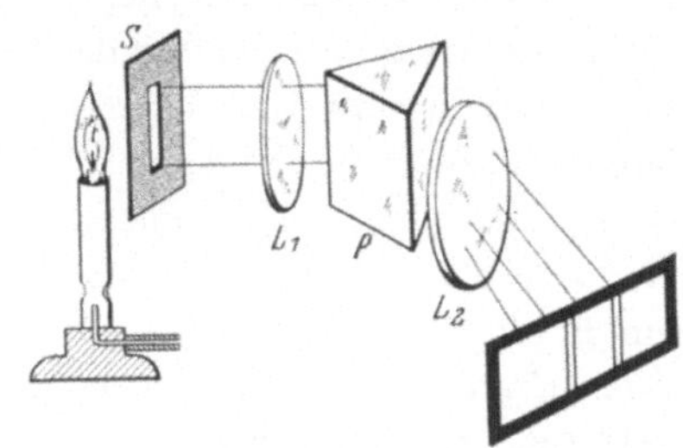

Abb. 22. Schema eines Spektroskopes

erscheinen nur noch an wenigen Stellen des Spektrums leuchtende Linien, scharfe, farbige Abbilder des Spalts. Diese „Spektrallinien" werden von den Neonatomen des Leuchtrohres ausgestrahlt. Die stärksten von ihnen haben eine ganz bestimmte Wellenlänge, nämlich 6402 (Rot) und 5862 Ångström (Gelb) und man kann durch Ausmessung dieser Wellenlängen auf dem Schirm des Spektroskops sofort erkennen, daß das Licht von Neon stammen muß und nicht etwa von irgend einem anderen chemischen Element. Denn andere Gase, etwa Wasserstoff, Stickstoff oder Sauerstoff senden ganz andere Wellenlängen aus. Atome verhalten sich also etwa wie Radiosender verschiedener Wellenlänge. So wie sie an der Abstimmskala Ihres Empfängers den Sender erkennen können, den Sie eingestellt haben, kann der Spektroskopiker am Schirm seines Spektroskops oder auch am photographisch gewonnenen Spektrum einer Lichtquelle feststellen, welche Atome an der Lichtsendung beteiligt waren. Das gilt in gleicher Weise für eine Leuchtröhre, für einen Stern oder für die Sonne. Es sei hier nur ganz nebenbei erwähnt, daß die physikalische Deutung dieser Atomeigenschaft, nämlich diskrete, charakteristische Wellenlängen oder Linien auszusenden, eine der größten Leistungen der theoretischen Physik dieses Jahrhunderts ist. Der Däne Niels Bohr machte den Anfang zu dieser bemerkenswerten Entwicklung der Atomtheorie, die dann so bestimmend für das Aufblühen der Astrophysik wurde.

Bevor wir uns dem Sonnenspektrum zuwenden, noch eine kleine Ergänzung: Wir sahen, daß eine Glühlampe, also ein glühender Wolframfaden, ein kontinuierliches, d. h. linienloses Spektrum erzeugt, während das verdünnte Neon in einer Leuchtröhre Linien hervorruft. Dieser Unterschied ist sehr bedeutungsvoll und bedarf der Aufklärung. Während in der Leuchtröhre die Neonatome frei herumfliegen und Zeit haben, ihre charakteristischen Wellenlängen auszusenden, haben die Wolframatome im Glühfaden keine Möglichkeit dazu. Die Atome sind wie in allen festen und flüssigen Körpern so dicht gepackt, daß sie bei Aussendung ihres Lichtes empfindlich gestört werden. Das Resultat ist eine Verwaschung ihrer charakteristischen Wellenlängen, dabei gehen die Linien verloren. An ihre Stelle tritt ein charakteristisches Kontinuum, an dessen spektraler Intensitätsverteilung man die Temperatur des Strahlers, in diesem Falle des Wolframfadens, erkennen kann, nicht aber seine chemische Zusammensetzung.

Das Fraunhofer Spektrum. Richtet man nun ein Spektroskop auf die Sonne, so entsteht ein ganz anders geartetes Spektrum. Während das Neonrohr leuchtende Linien auf dunklem Grund ergab, erscheinen im Sonnenspektrum dunkle Linien auf farbigem Grund, ein farbiges Band, von zahllosen dunklen Linien durchzogen. Die Abb. 23 gibt einen stark vergrößerten Ausschnitt aus dem grünen Teil des Sonnenspektrums. Die ganze Länge des Sonnenspektrums von blau bis rot würde im gleichen Maßstab mehrere Meter betragen.

Warum sind die Linien im Sonnenspektrum dunkel? Ein Versuch soll uns darüber aufklären. Bringt man nämlich (vgl. Abb. 22) vor der Gasflamme eine Glühlampe an und tut etwas Salz in die Flamme, so wird diese leuchtend gelb, ohne jedoch die Helligkeit der Glühlampe zu erreichen. Im Spektrum erscheinen plötzlich im gelben Gebiet zwei dunkle Linien, an der gleichen Stelle übrigens, an der sie auch im Sonnenspektrum auftreten. Um das verstehen zu können, muß man wissen, daß ein Atom die gleiche Wellenlänge, die es aussendet, auch verschlucken oder absorbieren kann,

genau wie eine auf eine bestimmte Wellenlänge abgestimmte
Antenne diese (und nur diese) Wellenlänge aussendet und auch
empfängt. Die Natriumatome in der Gasflamme, die durch Ein-
führen des Kochsalzes (Natriumchlorid) verdampfen, verschlucken
also gerade die Wellenlänge aus dem kontinuierlichen Spektrum
der Glühlampe, die sie aussenden. Das Auftreten der dunklen
Linien im Spektrum heißt also nur, daß diese Wellenlängen fehlen.
Dasselbe Licht der Glühlampe, das von den Natriumatomen in der
Gasflamme verschluckt wird, wird jedoch von diesen auch wieder
ausgesendet. Denn sonst müßten diese Atome ja mit der Zeit
immer mehr Lichtenergie aufspeichern. Während das verschluckte

Abb. 23. Ausschnitt aus dem Fraunhofer-Spektrum im Grünen

Licht jedoch aus einer bestimmten Richtung kommt, nämlich von
der Glühlampe her, erfolgt die Wiederaussendung dieses Lichtes
nach allen Seiten. Insgesamt geht also gar kein Licht verloren!
Von dem durch die Natriumatome wieder ausgesendetem Licht
kommt jedoch nur ein sehr kleiner Teil wieder in den Spalt des
Spektroskops. Die Spektrallinien werden daher nicht ganz dunkel
sein, sondern noch eine schwache Aufhellung zeigen.

Die Entstehung der dunklen Linien im Sonnenspektrum, man
nennt sie nach ihrem Entdecker die Fraunhoferschen Linien
(1814), erfolgt in sehr ähnlicher Weise wie unser Modellversuch
mit der Natriumflamme. Aus den tiefen, heißeren Schichten der
Sonne kommt kontinuierlich linienloses Licht, Licht von der Art,
wie es von dem glühenden Wolframfaden einer Glühlampe ausgeht.
In den äußeren, kühleren Teilen der Sonne, wo auch die Materien-
dichte geringer ist (im Modellversuch der Gasflamme entsprechend),
wird dieses Licht von den verschiedenen Atomen der Sonnenatmosphäre verschluckt und ungerichtet nach allen Seiten wieder aus-
gestreut. Dadurch werden die so betroffenen Wellenlängen für den
Beobachter auf der Erde geschwächt, während die von den Atomen
nicht beeinflußten Wellenlängen in voller Stärke ankommen.

Es entsteht ein kontinuierliches Spektrum, das von vielen dunklen Linien durchzogen ist. Die Schicht der Sonnenatmosphäre, in der dieser Lichtstreuvorgang stattfindet, ist die Photosphäre, also die gleiche Schicht, in der sich die granularen Strömungsvorgänge abspielen (vgl. S. 30).

Das Fraunhofersche Spektrum der Sonne zeigt etwa 20000 dunkle Linien. Die Wellenlänge einer jeden Linie ist auf mindestens 6 Dezimalen genau gemessen und schon im vorigen Jahrhundert in Tabellen niedergelegt. So hat die gelbe Hauptlinie des Natriums z. B. die Wellenlänge 5895,932 Ångström. Durch sehr ausdauernde und manchmal sehr schwierige Analysen gelang es, über 60% dieser Linien zu interpretieren, d. h. bestimmten chemischen Elementen in der Photosphäre zuzuschreiben. Doch neben ihrer Zuordnung zu bestimmten Atomsorten zeigen die Linien noch charakteristische andere Eigenschaften, wie Stärke, Form usw., die interessante Rückschlüsse auf die Temperatur, den Bewegungszustand und die wirkliche Anzahl der absorbierenden Atome in der Sonnenatmosphäre zulassen. Der Informationsgehalt des Sonnenspektrums kommt mit seinen 20000 teilnehmenden Linien daher einem Telefonbuch einer Stadt von 200000 bis 300000 Einwohnern gleich. Und dieses umfangreiche System von Informationen gelangt auf dem Lichtwege durch den leeren Raum von der Sonne zu uns.

Die chemische Zusammensetzung der Sonne. Es ist verhältnismäßig leicht, aus dem Auftreten gewisser Linien zu schließen, welche der 92 chemischen Elemente in der Sonnenatmosphäre vorkommen. Es sind nur sehr wenige Elemente, die fehlen, und selbst bei diesen muß vermutet werden, daß sie nur deswegen nicht gefunden wurden, weil ihre Linien in ein Spektralgebiet fallen, das infolge der Absorption unserer Erdatmosphäre nicht mehr zum Erdboden gelangt. Denn alles Licht, das kurzwelliger als 2900 Ånström ist, bleibt im wesentlichen durch die Absorption des Ozons und des Sauerstoffs bereits in hohen Schichten unserer Erdatmoshpäre stecken.

Die *quantitative* chemische Analyse der Sonnenatmosphäre oder auch der Atmosphäre irgend eines Sterns ist sehr viel schwieriger, denn eine starke Linie eines bestimmten Atoms, z. B. des Kalzium, bedeutet gar nicht etwa, daß besonders viele Kalziumatome

44

vorhanden sind. Die Stärke einer Linie hängt nicht nur von der Anzahl der lichtabsorbierenden Atome ab, sondern auch sehr stark von den optischen Eigenschaften des Atoms.

Wieder soll uns ein Modellversuch helfen. Wir füllen ein Absorptionsrohr (vgl. Abb. 24) mit einem Gas und untersuchen mit einem Spektroskop, wie die Stärke der in diesem Absorptionsrohr entstehenden Absorptionslinien mit der Menge des im Rohr befindlichen Gases anwächst. Man stößt dabei auf ein recht kompliziertes Gesetz, die sogenannte Wachstumskurve. Erst wenn man diese kennt — sie hat für jedes chemische Element eine andere Form —, dann kann man aus der Linienstärke im Fraunhoferschen

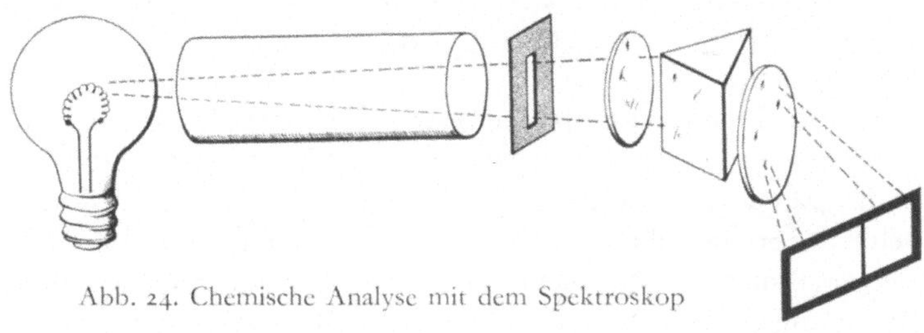

Abb. 24. Chemische Analyse mit dem Spektroskop

Spektrum auf die Anzahl der Atome schließen, die die Absorptionslinie in der Sonnenatmosphäre verursachten. Für die meisten Elemente sind die Wachstumskurven in sehr mühsamer Arbeit theoretisch berechnet worden. Ihre Ermittlung im Laboratorium ist leider nur in wenigen Fällen möglich gewesen.

Auf die Einzelheiten der quantitativen Spektralanalyse des Sonnenspektrums kann hier nicht eingegangen werden. Das wesentliche Ergebnis ist, daß auf der Sonne wie auch auf fast allen anderen Sternen das Element Wasserstoff bei weitem überwiegt. Wasserstoff ist etwa 10mal häufiger als Helium und etwa 1000mal häufiger als Kohlenstoff, Stickstoff und Sauerstoff. Je schwerer die Atome sind, um so seltener werden sie. Sehr erstaunlich ist das Ergebnis, daß zwischen der chemischen Zusammensetzung der Erdkruste, derjenigen der Sonnenatmosphäre, der Sternatmosphären und der Meteoriten kein wesentlicher Unterschied besteht, wenn man von den leichten Elementen wie Wasserstoff und Helium absieht, die aus den leichteren Himmelskörpern wie der

Erde fast ganz entwichen sind. Es hat sogar den Anschein, als ob die Häufigkeitsverteilung der verschiedenen Atomkerne, die in Form der kosmischen Strahlung dauernd mit Lichtgeschwindigkeit (300000 km in der Sekunde) aus dem Weltraum auf die Erde prasseln, dieselbe ist. Die chemischen Elemente scheinen damit im ganzen von uns erforschbaren Weltraum in gleicher Weise gemischt zu sein, und man muß wohl schließen, daß es im Weltraum keine Vorgänge gibt, die das Mischungsverhältnis der Elemente merklich ändern können. Das heutige Mischungsverhältnis der chemischen Elemente muß also wohl bei der Entstehung unserer Welt geschaffen worden sein.

5. Sonnentürme

Während man vor 60 Jahren noch mit kleinen kurzbrennweitigen Fernrohren alles Wissenswerte auf der Sonne beobachten und photographieren konnte, ist das Instrumentarium, mit dem man heute der Sonne zuleibe rückt, meist so umfangreich und kompliziert, daß man es nicht mehr auf die Sonne ausrichten bzw. ihrer Bewegung am Himmel nachführen kann. Man verwendet daher in zunehmendem Maße Vorrichtungen, bei denen das Fernrohr mit seinen Zusatzgeräten feststeht und das Sonnenlicht durch ein System von einem oder mehreren Spiegeln eingefangen und auf ein festes Fernrohr gerichtet wird. Einer der Spiegel ist so gelagert und dreht sich gerade so, daß das Licht der Sonne trotz ihrer Bewegung am Himmel stets in die gleiche Richtung geworfen wird.

Die Abb. 25 zeigt ein solches 2-Spiegel-System. Man nennt es Coelostat.

Der untere Spiegel — man sieht seine Metallfassung von hinten — ist auf eine Achse montiert, die von einem Uhrwerk angetrieben wird. Sie macht in 24 Std eine halbe Umdrehung, da der vom Spiegel reflektierte Strahl doppelt so schnell umläuft wie der Spiegel. Dieser Spiegel wirft das Sonnenlicht auf den oberen Hilfsspiegel, der es sodann in fester, waagerechter Richtung zurückwirft. Das so entstandene Lichtbündel steht fest im Raum und dient dazu, schwere, unbewegliche Apparate mit Sonnenlicht zu versorgen. Die Spiegel haben einen Durchmesser von 60 cm. Ihre Oberflächen sind im Vakuum mit Aluminium bedampft. Das

46

reflektierte Licht tritt daher gar nicht in den Glaskörper des
Spiegels ein. Damit die erforderliche hohe Güte der spiegelnden
Oberfläche trotz Sonneneinstrahlung und wechselnder Neigung
des Spiegels stets erhalten bleibt, sind die Spiegel sehr dick,
meistens dicker als $^1/_{10}$ ihres Durchmessers.

Abb. 25. Zweispiegel-Coelostat (Mt. Wilson-Observatorium)

Heutzutage setzt man die Coelostaten meist auf Türme, die
durch eine drehbare und einseitig zu öffnende Kuppel abgedeckt
sind. Der vom Hilfsspiegel reflektierte Strahl wird nach unten geworfen. Die Höhe des Turmes wird dann nicht nur ausgenutzt,
um das feste Fernrohr unterzubringen, sondern sie bringt den
Coelostaten aus der gefährlichen Nähe des Erdbodens, dem Bereich der Luftschlieren nämlich, die die scharfe Abbildung der
Sonne stören. Man nennt eine solche Anordnung Turmteleskop.
   Die Abb. 26 zeigt Grund- und Aufriß des 1919 erbauten Ein-
steinturmes in Potsdam. Der Coelostat wird, wie bei den meisten

solcher Türme, von einem Holzgerüst getragen. Gerüst und Coelostat sind durch den Außenturm und die Beobachtungskuppel gegen Erschütterungen durch Wind geschützt. Auch die im Gebäude auftretenden unvermeidlichen Erschütterungen werden nicht auf das Gerüst übertragen, das auf einem getrennten Fundament steht. Im Keller des Gebäudes wird das Lichtbündel durch einen dritten Spiegel nochmals um 90° geknickt und fällt

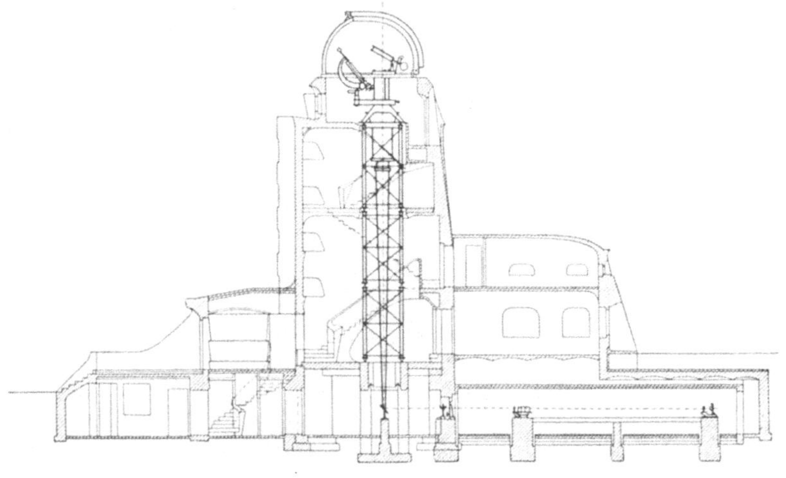

Abb. 26. Der Einsteinturm in Potsdam

dann waagerecht in ein Laboratorium oder in einen besonderen Spektrographenraum.

Eine etwas andere, sehr mutige Konstruktion hat der Begründer der großen amerikanischen Observatorien Yerkes und Mt. Wilson auf dem Mt. Wilson bei Pasadena im sonnenreichen Kalifornien gewählt. Es war der erste und ist bis heute der größte Sonnenturm der Welt. Ein Stahlgerüst von etwa 50 m Höhe trägt oben die Kuppel. In dieser Kuppel befindet sich der Coelostat. Jedoch steht er nicht auf dem in der Abb. 27 sichtbaren Stahlrohrgerüst, sondern auf einem zweiten Gerüst, das Strebe für Strebe im Innern des Mantelgerüstes emporsteigt und auf getrennten Pfeilern steht. So wurde in vollkommenster und formschöner Weise erreicht, daß nicht nur der Wind keine störenden Erschütterungen des hohen Turmes hervorrufen kann, sondern auch für die Durchlüftung unterhalb des Coelostaten gesorgt ist, so daß die störenden Luftschlieren vom Wind weggeblasen werden können. Der Spektrograph ist bei diesem Turm nicht waagerecht gelegt, sondern geht senkrecht herunter in die Erde. Das kleine Haus am Fuß des Turmes, das Laboratorium, besitzt daher einen 25 m tiefen Schacht, an dessen Boden sich der eigentliche Spektrograph befindet. Das Objektiv, das ein Bild der Sonne erzeugt, befindet sich unmittelbar unter dem Coelostaten und hat eine Brennweite von 45 m. Das Sonnenbild von etwa 40 cm Durchmesser entsteht dann in Tischhöhe im Laboratorium, in gleicher Höhe bildet sich auch das Sonnenspektrum ab, beide auf einer waagerechten Ebene. Die Bewegung der Spiegel sowie die Drehung der Kuppel kann vom Laboratorium aus mit Knopfdruck betätigt werden. Die Kuppel kann man durch einen außen angebrachten, schwindelerregenden Lift erreichen.

Die Zahl der Sonnentürme hat in den letzten Jahren sehr zugenommen. In Deutschland gibt es solche außer in Potsdam noch in Göttingen und Freiburg. Ein Bruder des Potsdamer Turmes, genau gleich ausgerüstet, steht in Tokio.

Sonnenspektrographen. Da das Sonnenbild im Laboratorium eines

Abb. 27. Hales 50 Meter-Sonnenturm auf dem Mt. Wilson

Sonnenturmes trotz der Bewegung der Sonne am Himmel feststeht, braucht man sich also bei den Geräten, mit denen man das Licht dieses Sonnenbildes untersucht, keine Beschränkungen mehr in Gewicht und Größe aufzuerlegen, denn diese können nun fest in das Laboratorium eingebaut werden. Das gilt ganz besonders für die Spektrographen zur Analyse des Sonnenlichtes, die heute manchmal größer und schwerer ausfallen als das Fernrohr.

Die in der Sonnenforschung verwendeten Spektrographen haben im letzten Jahrzehnt, hauptsächlich unter dem Druck astrophysikalischer Erfordernisse, durchgreifende Änderungen erfahren. Das Ziel war stets, Lichtstärke und Auflösungsvermögen zu vergrößern. Ein Spektrograph ist um so lichtstärker, je weniger Licht in ihm ungenützt verloren geht, also nicht in das Auge des Beobachters oder auf die photographische Platte gelangt. Das Auflösungsvermögen eines Spektrographen betrifft die Schärfe und die Feinheit, mit der die Einzelheiten des Spektrums noch „aufgelöst" werden. Quantitativ ist das der kleinste Wellenlängenunterschied, der im Spektrum noch nachgewiesen werden kann. Numerisch drückt man das Auflösungsvermögen durch eine im allgemeinen sehr große Zahl aus, die das Verhältnis Wellenlänge : kleinste noch trennbare Wellenlänge $= \lambda : \varDelta \lambda$ angibt. Vergleichen wir wieder den Informationsgehalt des Spektrums mit dem eines Telefonbuches einer Stadt, so würde diese Zahl etwa der Gesamtzahl der Anschlüsse entsprechen.

Bei einem mit Prismen ausgerüsteten Spektrographen hängt das Auflösungsvermögen wesentlich von der Größe der Prismen ab. Dieser sind jedoch Grenzen gesetzt, da der Preis optisch einwandfreier Glasblöcke sehr rasch ins Unermeßliche steigt. Prismen werden daher mehr und mehr durch sogenannte Beugungsgitter verdrängt, die das Licht auf ganz andere Weise nach Wellenlängen zerlegen. Sie bestehen aus Spiegelmetall- oder verspiegelten Glasplatten, in deren Oberfläche mit einem Diamanten eine große Zahl von parallelen Rillen eingeritzt ist. Meist sind es etwa 600 Linien pro Millimeter. Trifft nun weißes Licht auf diese geteilte Fläche, so wird es je nach seiner Wellenlänge in verschiedene Richtungen zurückgeworfen, das heißt zu einem farbigen Bande, einem Spektrum, auseinandergezogen. Das Auflösungsvermögen eines solchen Gitterspektrographen ist dann einfach gleich der Gesamtzahl aller eingeritzten Gitterfurchen. Das Spektrum wird also um so nuancierter und um so exakter sein, je mehr Gitterfurchen verwendet werden oder je größer das Gitter ist. Die größten heute verwendeten Gitter haben geteilte

Flächen von etwa 25 × 25 cm und insgesamt etwa 150000 Furchen.

Ein Gitter erzeugt jedoch nicht nur *ein* Spektrum, sondern mehrere, die nebeneinander liegen und sich zum Teil auch überdecken. Je mehr seitlich von der Einfallsrichtung des Lichtes diese Spektren entstehen, um so lichtschwächer sind sie, aber um so höher ist auch ihr Auflösungsvermögen. Wie immer so auch hier muß man, um ein exakteres Spektrum zu bekommen, auch mehr Licht aufwenden. Dieser Mißstand konnte neuerdings überwunden werden, als es nämlich gelang, Gitter zu schneiden, die vermöge ihres besonderen Furchenprofils nahezu das ganze Licht gerade in das eine gewünschte Spektrum werfen und nicht über alle Spektren verteilen. Diese Gitter sind infolge ihrer idealen Eigenschaften auf dem besten Wege, alle anderen Spektrographentypen zu verdrängen.

Weitere Steigerungen des Auflösungsvermögens wurden schließlich noch durch Hinzufügung sogenannter Interferometer erreicht, die für kleine Spektralbereiche, z. B. für eine einzige Spektrallinie im Sonnenspektrum eine besonders gute Auflösung ergeben. Eine wesentliche Verbesserung wurde auch erzielt, indem man den ganzen Spektrographen in ein Vakuumgehäuse gesetzt hat. Auf diese Weise wird der bildverwaschende Einfluß der ungleichförmig temperierten Luftschlieren innerhalb des Spektrographen unterbunden. Ein Spektrum, das mit einem solchen Gerät gewonnen wurde, ist auf der Abb. 19 wiedergegeben.

6. Sonnenfinsternisse

Der Mond tritt vor die Sonne. Fast klingt es widersinnig, doch die grundlegendsten Kenntnisse über den Aufbau der Sonnenatmosphäre verdanken wir den Sonnenfinsternissen, d. h. den wenigen Minuten, während derer die Sonne durch den Mond für uns verfinstert wird!

Vor mehr als 4000 Jahren, und zwar am 22. Oktober des Jahres 2137 v. Chr., trat in China eine totale Sonnenfinsternis ein. Doch die beiden königlichen Astronomen Hsi und Ho hatten sich so betrunken, daß sie unfähig waren, die damals üblichen Riten durchzuführen, insbesondere mit dem Bogen nach dem Ungeheuer zu schießen, das die Sonne zu verschlingen drohte. Darauf ließ der Kaiser Chung k'ang ihnen beiden den Kopf abschlagen. Durch das tragische Schicksal von Hsi und Ho gewarnt, befleißigen sich die Astronomen seither, nüchtern und mit Eifer die Sonnenfinsternisse zu studieren. Sie schaffen ihre Instrumente um den halben Erdball, um während der wenigen Minuten der Verfinsterung der Sonne ihre Beobachtungen zu machen. Wirklich ernsthafte und erfolgreiche Expeditionen werden aber erst etwa seit der Mitte des vorigen Jahrhunderts unternommen.

Was geschieht bei einer Sonnenfinsternis? Es klingt so einfach und ist doch so unfaßbar. Der Mond schiebt sich auf seiner Bahn um die Erde vor die Sonne und beschattet sie, wenigstens für gewisse Teile der sonnenbeschienenen Seite der Erdhalbkugel. Der Vorgang ist in der Abb. 28 perspektivisch dargestellt.

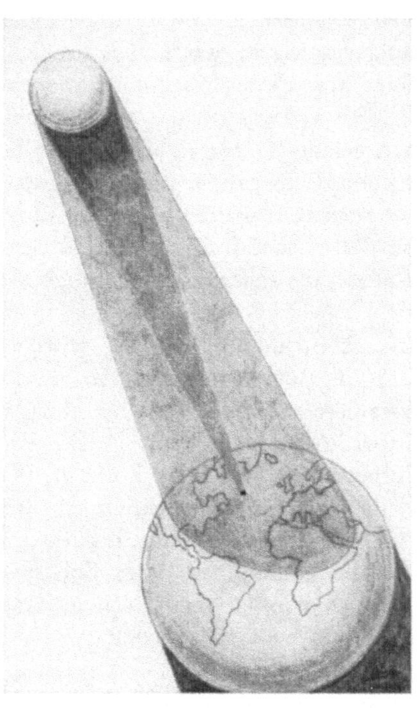

Abb. 28. Eine totale Sonnenfinsternis

Ein besonderer Glücksumstand ist es, daß der Mond gerade in solcher Entfernung von der Erde steht, daß er, wenigstens bei manchen Sonnenfinsternissen, genau so groß wie die Sonne erscheint, sie also gerade abzudecken vermag. Diese Abdeckung ist natürlich nur vollkommen für ein kleines Gebiet der Erde, einen kreisförmigen Fleck von etwa 50 km Durchmesser. Für die Menschen in diesem Gebiet verschwindet die Sonne für wenige Minuten vollkommen. Es wird Nacht, die Sterne erscheinen. Da Mond, Erde und Sonne sich dauernd gegeneinander im Raum bewegen, ist das Naturschauspiel nur von kurzer Dauer. Der dunkle Schatten des Mondes wandert nämlich mit einer Geschwindigkeit von mehreren 1000 km in der Stunde über die Erde. Von einem günstigen Standpunkt aus kann man diesen wandernden Schatten sehen. Besonders glücklich trafen es die Bewohner der schwedischen Insel Gotland, die bei der totalen Sonnenfinsternis am 30. Juni 1954 an die Südspitze ihrer Insel gewandert waren, um die Sonnenfinsternis mitzuerleben. Diese Spitze ist wie ein hohes steinernes Schiff. Von dort aus sahen sie, wie eine Schattenlinie, hell und dunkel trennend, mit unfaßbarer Geschwindigkeit über das Meer huschte.

Für die Beobachter außerhalb des total verdunkelten Gebietes wird nur ein Teil der Sonne durch den Mond verdeckt. Für sie gibt es nur eine „partielle Sonnenfinsternis".

Kann man die Bahn der Erde um die Sonne und die des Mondes um die Erde vorausberechnen, so kann man auch Sonnenfinsternisse voraussagen, d. h. den Zeitpunkt, in dem Sonne, Mond und Erde auf einer geraden Linie im Weltraum stehen. Doch den Alten gelang es sogar ohne diese Erkenntnis, Sonnenfinsternisse mit ziemlicher Genauigkeit zu prophezeien. Die Chaldäer, Ägypter und Griechen stützten sich dabei empirisch auf gewisse Perioden in der Wiederkehr der Finsternisse, besonders auf die sogenannte Saros-Periode von 18 Jahren und $11^1/_3$ Tagen. Die Vorausberechnung der Sonnenfinsternisse geschieht heute in internationaler Zusammenarbeit und ist im allgemeinen auf die Sekunde genau. Der tatsächlich beobachtete Zeitpunkt der Kontakte von Sonne und Mond wird übrigens auch benutzt, um die astronomischen Elemente der Erd- und Mondbahn zu verbessern.

Die in den Jahren 1940—1962 auftretenden totalen Sonnenfinsternisse sind in der Karte der Abb. 29 zusammengestellt. Diese Karte entstammt dem berühmten Finsterniskanon von Oppholzer, der für die Zeit von 1208 v. Chr. bis 2000 n. Chr. 13200 Finsternisse berechnete, davon 8000 Sonnenfinsternisse und 5200 Mondfinsternisse. Die Strichspuren stellen die Bahn des in einigen Stunden über die Erdoberfläche wandernden Mondschattens dar. Meist überspannen sie einen halben Erdumfang. Fast jedes Jahr beschert uns eine Finsternis. Die meisten sind

jedoch für Astronomen ungeeignet, entweder spielen sie sich in
der Arktis ab oder sie haben nur einige Sekunden Dauer. Häufig
verhalten sich auch die scheinbaren Durchmesser von Mond und
Sonne so, daß der Mond die Sonne nicht mehr ganz abzudecken

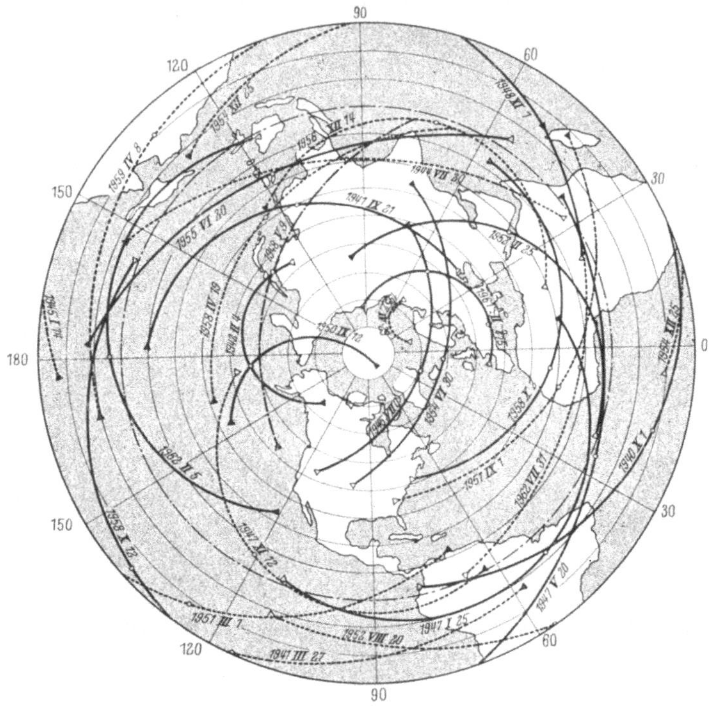

Abb. 29. Oppolzers Finsterniskanon

vermag. Es entsteht dann eine ringförmige Sonnenfinsternis.
Diese ringförmigen Sonnenfinsternisse sind jedoch astronomisch
nicht zu gebrauchen. Die deutschen Astronomen werden, um zu-
künftige Sonnenfinsternisse zu beobachten, weite Reisen unter-
nehmen müssen, denn keine der verzeichneten Finsterniszonen
streift Deutschland.

Wir wollen nun die drei sehr verschiedenen Phasen einer
Sonnenfinsternis mit den Augen eines Astronomen betrachten:
die partielle Phase, die vom ersten Kontakt zwischen Sonne und

54

Mond bis zum Verschwinden der Sonne reicht; die wenigen Sekunden zwischen dem Verschwinden der Sonne hinter dem Mond und dem Auftauchen der Sonnenkorona; die einige Minuten währende Totalität, während der die Sonnenkorona sichtbar ist. Die partielle Phase der Verfinsterung, so eindrucksvoll sie auch — durch ein berußtes Glas oder ein Stück geschwärzten Film gesehen — sein mag, hat doch astrophysikalisch gesehen keine besondere Bedeutung. Nur Radioastronomen und Ionosphärenphysiker interessieren sich für sie.

Die letzten Sekunden vor der Verfinsterung: Das Flash-Spektrum. Schiebt sich die Mondscheibe immer mehr über die Sonnenscheibe herüber, so bleibt schließlich auf der einen Sonnenseite eine ganz schmale Lichtsichel übrig, die von den äußeren Schichten der Photosphäre herrührt. Richtet man vor Einsetzen der Totalität ein Spektroskop auf diesen Lichtsaum, so sieht man das Fraunhofersche Spektrum mit seinen dunklen Linien schlagartig verschwinden, statt dessen leuchtet für wenige Sekunden ein Spektrum mit hellen, bunten Linien auf dunklem Grunde auf. Man nennt es das Flash-(= Blitz)Spektrum. Dieses Spektrum wird natürlich nicht nur in den wenigen Sekunden vor der Totalität ausgesendet. Es ist immer vorhanden und stellt im Grunde gerade dasjenige Licht dar, das in den dunklen Fraunhoferschen Linien fehlt und ähnlich wie bei der Natriumflamme (vgl. Abb. 22) seitlich herausgestreut wird. Nur wird es normalerweise derart vom hellen Sonnenlicht überstrahlt, daß es sich der Beobachtung entzieht. Da die Lichtsichel sehr schmal ist, fungiert sie selbst als Spektrographenspalt. Der Spektrograph braucht dann nur noch aus Prisma bzw. Beugungsgitter (vgl. S. 40) und photographischer Kamera zu bestehen.

Die mit dem spaltlosen Spektrographen gewonnenen Spektren haben natürlich entsprechend der Form der leuchtenden Sichel gekrümmte Spektrallinien. Man erkennt in der Abb. 30 deutlich, daß die Linien sehr verschiedene Länge haben, zahlreiche sind kurz, einige sehr viel länger. Wie man sich leicht überlegen kann, müssen die langen Linien von einer ausgedehnten Schicht, die kurzen von einer dünneren kommen. Man glaubte daher lange, daß in den höchsten Schichten der Sonnenatmosphäre andere chemische Elemente auftreten als an der Basis. Eine sorgsame

Diskussion zahlreicher Finsternisbeobachtungen und ihr Vergleich mit anderen Beobachtungen außerhalb von Sonnenfinsternissen hat jedoch gezeigt, daß die chemische Zusammensetzung überall die gleiche ist. Nur haben die Atome in den äußeren, heißeren Teilen der Sonnenatmosphäre gelegentlich ein Elektron verloren. Chemisch sind sie zwar noch dasselbe, doch sind sie ionisiert und senden andere Spektrallinien aus. Sie haben sich gewissermaßen verkleidet.

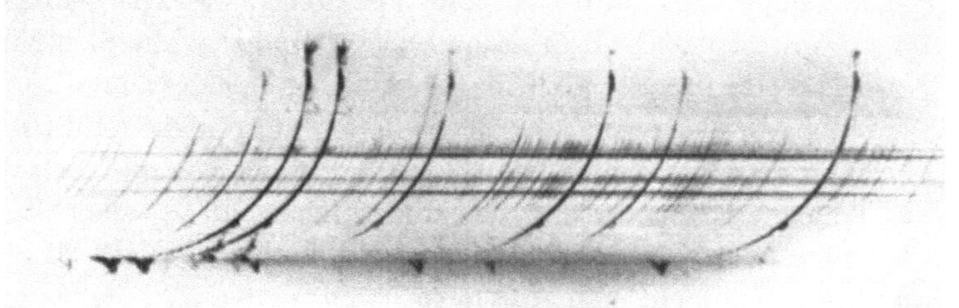

Abb. 30. Flashspektrum

Die Chromosphäre wird sichtbar. Man findet so, daß der Teil der Sonnenatmosphäre, der das bunte Flash-Spektrum aussendet, die *Chromosphäre*, etwa 10 000 km hoch reicht und aus einem sehr viel verdünnteren Gas als die Photosphäre besteht. Paßt man kurz vor Einsetzen der totalen Verfinsterung den richtigen Augenblick ab, so läßt der Mond gerade nur noch die Chromosphäre am Rande hervorleuchten. Eine solche Aufnahme ist in der Abb. 31 wiedergegeben.

Man erkennt in der Aufnahme deutlich die Gebirge am dunklen Mondrand, darüber die leuchtende Sichel der Chromosphäre und darüber den dunklen Himmel. Der Radius der Sonne beträgt in dieser Reproduktion 53 cm. Die Struktur der Chromosphäre ist alles andere als gleichmäßig. Der berühmte italienische Sonnenforscher Pater Secchi verglich die Chromosphäre, die aus einer gleichmäßigen Unterschicht herauswächst, in treffender Weise mit einer brennenden Prärie. Man hat den Eindruck, als ob dauernd Flammen emporschlagen. Die größeren dieser Flammen nennt man Spiculen (Spieße). Die einzelnen Spieße sind Gebilde aus heißen Gasen, welche in wenigen Minuten bis zu 10 000 km

Höhe emporschießen und dabei Geschwindigkeiten von über 30 km in der Sekunde erreichen.

Chromosphäre als Gischt der Photosphäre. Im Gegensatz zur Erdatmosphäre muß man sich die Chromosphäre als ein in dauernder Wandlung begriffenes Gebilde von riesigen Spritzern vorstellen, die mit Überschallgeschwindigkeit durcheinander fliegen. Zweifellos würde ein Besucher der Chromosphäre (oder auch der Photosphäre mit ihren rasch aufsteigenden Granulen)

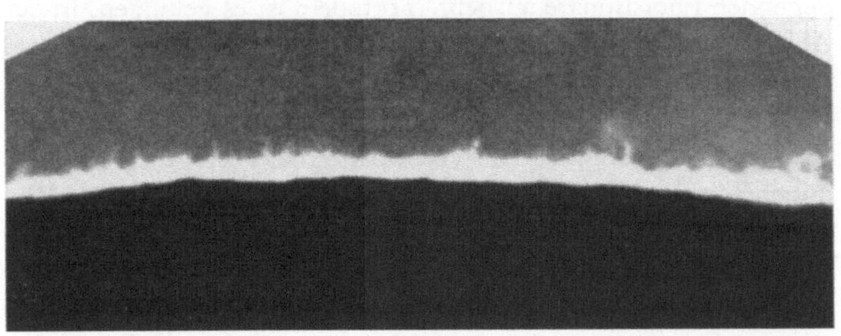

Abb. 31. Chromosphäre am Sonnenrande, kurz vor Beginn einer totalen Sonnenfinsternis

einen ohrenbetäubenden Lärm vernehmen, wie er bei allen Bewegungsvorgängen mit Überschallgeschwindigkeit entsteht.

Während die Dichte in der Photosphäre etwa $10^{-8}\,\mathrm{g/cm^3}$ beträgt, ist sie in der Chromosphäre 1000 bis 10000mal kleiner. Die Masse der Chromosphäre ist also winzig im Vergleich zur Photosphäre. Man muß sich die Chromosphäre etwa als die Spritzer oder die Gischt des wogenden Photosphären-Ozeans vorstellen mit seinen ewig emporsteigenden Granulationsstrudeln. Und genau wie die leichten Spritzer der Meeresbrandung sehr viel größere Geschwindigkeiten entwickeln als die schweren Wogen des Meeres, nimmt es auch nicht wunder, daß die zarten Chromosphärenspritzer sehr viel rascher sind als die Strömungsvorgänge in der dichteren Photosphäre.

Heutzutage gelingt es übrigens auch, die Chromosphäre am Sonnenrande außerhalb von Sonnenfinsternissen sichtbar zu machen. Dabei hat man festgestellt, daß die aus der Chromosphäre kommenden Auswürfe durchaus nicht in wahlloser Richtung erfolgen, sondern offenbar durch eine ablenkende Kraft ausgerichtet werden. Diese Kraft rührt vom Magnetfeld der Sonne her, von dem im Kapitel 7 die Rede sein wird.

Bisher haben wir die Chromosphäre nur am Sonnenrande kennengelernt. Ist diese auch auf der Sonnenscheibe, d. h. sozusagen „von oben" zu sehen? Sicherlich wird dies schwierig sein, denn die Chromosphäre ist nahezu durchsichtig und das von ihr ausgehende Licht macht nur einen winzigen Bruchteil des starken Lichtstroms aus, der durch sie hindurch von der darunterliegenden Photosphäre ausgeht. Trotzdem ist es gelungen. In der Abb. 32 und auch 52 sehen Sie ein Bild der Chromosphäre von oben.

Es ist nicht ganz einfach, das am Sonnenrande gewonnene Bild der Chromosphäre mit dem von oben erhaltenen zu einem dreidimensionalen zusammenzusetzen. Das liegt daran, daß das Bild von oben, man nennt es Spektroheliogramm, infolge seiner besonderen Aufnahmemethode (vgl. S. 89) aus einem bestimmten Tiefenbereich stammt. Es ist, um photographisch zu sprechen, mit sehr geringer Tiefenschärfe aufgenommen, während die Finsternisaufnahme der Chromosphäre am Sonnenrande ihre ganze Höhenausdehnung erfaßt. Erst die Kombination von Finsternisaufnahmen, Spektroheliogrammen und spektroskopischen Detailstudien gibt ein vollständiges Bild der Chromosphäre, ihres Aufbaues, ihres Bewegungszustandes, ihrer Temperatur und Gasdichte. Man ist noch nicht so weit, die komplizierte Erscheinung der Chromosphäre in allen Einzelheiten physikalisch zu verstehen. Doch kann man ungefähr beschreiben, was vorgeht: Die Photosphäre trommelt mit ihren rasch aufsteigenden Granulen ununterbrochen von unten gegen die Basis der Chromosphäre. Hierbei geben die Granulen einen großen Teil ihrer Bewegungsenergie an die Chromosphäre ab, in der sich als Folge dieser Püffe ein System von Spritzern (Spiculen) ausbildet. Wir werden später sehen, daß diese in Form von Püffen oder, genauer gesagt, durch Stoßwellen dauernd von der Photosphäre an die Chromosphäre übertragene Energie von der Chromosphäre nochmals weitergereicht wird an die Korona, um diese nämlich kräftig aufzuheizen. Man muß sogar annehmen, daß die Sonnenkorona in all ihrer Herrlichkeit ohne dieses dauernde Bombardement von Stoßwellen gar nicht existieren würde.

Totale Sonnenfinsternis. Nur wenige Sekunden nach dem Sichtbarwerden der Chromosphäre ist auch sie hinter dem Mondrand verschwunden. Sehr plötzlich wird es dunkel; unfaßbar, daß ein kosmisches Phänomen so rasch voranschreitet. So sehr man

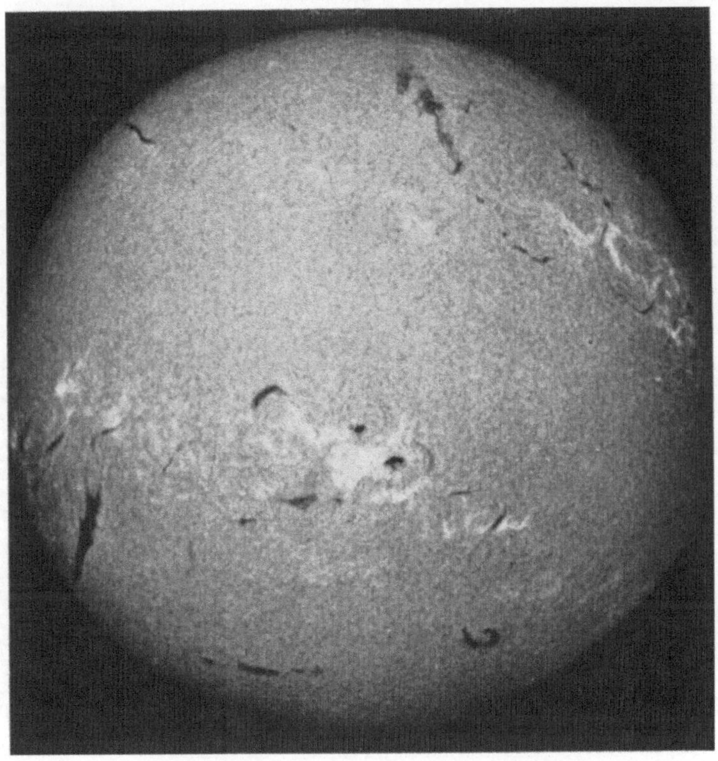

Abb. 32. Die Chromosphäre der Sonne am 6. August 1956, auf der Scheibe gesehen (Aufnahme Fraunhofer Institut, Capri)

auch den Vorgang der Verfinsterung geometrisch und physikalisch durchschaut und auf ihn vorbereitet zu sein glaubt, so unheimlich wird man dennoch von dem kosmischen Schatten angerührt, der sich so plötzlich und still über alles wirft, der Mensch und Tier ehrfürchtig zum Verstummen bringt. So braucht man auch kaum daran zu zweifeln, daß die Überlieferung von jenen fünf Jahre lang miteinander kämpfenden Lybiern und

Medern richtig ist, daß diese nämlich infolge einer Sonnenfinsternis (totale Finsternis am 17. Mai 603 v. Chr.) endgültig ihre
Waffen streckten und, durch dieses himmlische Zeichen gemahnt,
Frieden schlossen. Und sie taten es, obwohl Tales von Milet
ihnen die Finsternis vorausgesagt hatte.

Abb. 33. Die Sonnenkorona am 25. Februar 1952 (Aufnahme G. van Bies-
broeck in Chartum)

Unmittelbar nach dem Verschwinden der letzten Sichel der
Sonnenscheibe leuchtet die Sonnenkorona auf, im ersten Augenblick als ein leuchtender Ring, dann als mattweißer, fast metallisch
leuchtender Kranz von Strahlen, die weit in den Raum hinaus-
reichen. Die Gesamthelligkeit der Korona beträgt, obgleich sie
während der wenigen Minuten der Totalität den ganzen Himmel
beherrscht, nur ein Millionstel der Sonnenhelligkeit und entspricht etwa derjenigen des nächtlichen Vollmondes. Einige

Sekunden später, wenn das Auge sich an die Dunkelheit gewöhnt hat, entdeckt man dann auch zahlreiche Sterne in der Umgebung der Korona. Man versteht nun, warum die Sonnenkorona ohne die schirmende Wirkung des Mondes nicht beobachtet werden kann. Die Sonne würde sie völlig überstrahlen. Dennoch ist es heute möglich, mit einem raffinierten optischen Instrument, dem Koronographen, wenigstens den inneren, hellsten Teil der Sonnenkorona auch außerhalb von Finsternissen sichtbar zu machen.

Die Sonnenkorona. Ernsthafte wissenschaftliche Beobachtungen der Sonnenkorona werden seit Mitte des vorigen Jahrhunderts gemacht. Seitdem standen insgesamt etwa 100 sonnenverfinsterte Minuten zur Verfügung. Unzählige Expeditionen um die halbe Erde herum wurden ausgerüstet, um z. B. fünf Minuten Sonnenfinsternis in Java, zweieinhalb Minuten in Schweden, vier Minuten in Brasilien zu erhaschen. Mühsam wurde so zusammengetragen, was heute über diesen merkwürdigen Strahlenkranz der Sonne bekannt ist. Es ist ziemlich viel, dennoch ist die Korona noch voller Rätsel und gerade deswegen einer der reizvollsten Forschungsgegenstände des Sonnenphysikers.

Bei jeder Finsternis erscheint die Korona in veränderter Form. Ihre Form hängt eng mit der jeweiligen Häufigkeit der Sonnenflecken zusammen. Gibt es viele Flecken, so scheinen die Strahlen der Korona radial nach allen Seiten gerichtet (Maximum-Typ). Gibt es dagegen wenig Flecken, so ist die Korona, abgesehen von ihren kurzen polaren Büscheln, zum Äquator hin gebündelt (Minimum-Typ). Die Abb. 34 zeigt zwei typische Beispiele dieser Koronaformen.

Der Reichtum an Formen in der Korona ist nur schwer in einem auf Papier reproduzierten Bild darzustellen, da ihre Helligkeit vom Sonnenrand nach außen hin außerordentlich rasch abnimmt. In der Abb. 35 ist versucht, durch eine Zeichnung nach Originalnegativen eine Minimumkorona wiederzugeben. Man muß sich bei Betrachtung dieser Zeichnung vorstellen, daß es sich um die Projektion eines räumlichen, sehr durchsichtigen Gebildes handelt. Dicht am Sonnenrande treten zahlreiche kleine Protuberanzen (vgl. S. 101) auf, am linken Rand auch zwei größere, deren Formen sich auffällig gut in die Bogen und Strahlen der Korona einfügen. Schon hieraus folgt, daß Korona und Protuberanzen auf das Engste zusammenhängen. Protuberanzen und Korona verhalten sich zueinander etwa so wie Wolken und Erdatmosphäre.

a

b

Abb. 34. Minimum- (oben) und Maximumkorona (unten)

Woraus besteht die Korona, dieses zarte und doch so riesige Gebilde? Die Fortschritte der Spektroskopie und der Atomtheorie der letzten fünfzig Jahre haben entschieden dazu beigetragen, dieses Rätsel aufzuklären. Das Spektrum der Korona zeigt ein kontinuierliches Farbband von der gleichen relativen Verteilung wie das Sonnenspektrum. Nur fehlen die dunklen

Linien, statt dessen treten etwa 20 helle sogenannte Emissionslinien auf, die aber mit keiner der zahlreichen Fraunhoferschen
Linien zusammenfallen. Während das kontinuierliche Spektrum
schon vor langer Zeit als Sonnenlicht gedeutet wurde, das an den
freien Elektronen in der Korona gestreut wird (etwa so, wie die
Lichtstreuung an einer Staubwolke), stieß die Deutung der hellen

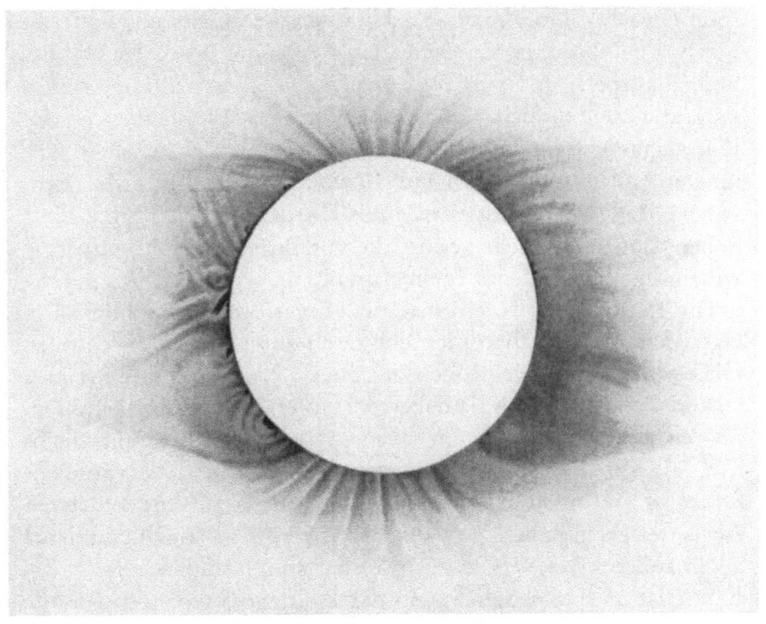

Abb. 35. Zeichnung einer Minimum-Korona

Koronalinien auf unüberwindliche Schwierigkeiten. Man glaubte
schon, sie einem neuen, auf der Erde nicht vorkommenden
chemischen Element, dem Koronium, zuschreiben zu müssen.
Dann fand der schwedische Physiker Edlén jedoch durch Ex-
periment und Rechnung heraus, daß diese Linien von ganz ge-
wöhnlichen Atomen stammen wie Kalzium, Eisen, Nickel und
Argon, die jedoch eine große Zahl ihrer Hüllenelektronen durch
Ionisation verloren haben. Im Laboratorium kann man ähnliche
Bedingungen erzeugen, wenn man durch ein verdünntes Gas
Hochspannungsfunken schlagen läßt. Die Korona ist also aus

einem Gas aufgebaut, dessen chemische Zusammensetzung kaum von derjenigen der Sonne abweicht, in welchem jedoch viele der sonst an die Atome gebundenen Elektronen frei herumfliegen. Diese kräftige Ionisation der Korona-Atome läßt auf eine sehr hohe Temperatur des Koronagases schließen. Viele andere Beobachtungen, insbesondere an den Emissionslinien der Korona, bestätigen diese Vermutung. Die Temperatur der Korona beträgt etwa 1 Million Grad. Das klingt erschreckend, und hätte die Korona bei dieser hohen Temperatur etwa die Beschaffenheit des Sonnenkörpers, so würde ihre intensive Ausstrahlung uns in kürzester Zeit tödlich verbrennen. Doch in Wirklichkeit ist das Koronagas extrem verdünnt. Die Dichte beträgt selbst in den inneren, dichtesten Teilen nur 10^{-11} der Bodendichte der Erdatmosphäre. Der Energieinhalt der Korona ist daher trotz ihrer hohen Temperatur sehr gering, die von ihr ausgestrahlte Energie winzig im Vergleich zur Sonnenstrahlung.

Die Korona ist also ein materielles, gasförmiges Gebilde. Die Gasatome fliegen außerordentlich rasch durcheinander (Protonen mit etwa 200, die Elektronen mit etwa 8000 km/sec) und stoßen einander so heftig, daß sie dabei viele ihrer Elektronen abstreifen. Sie reicht weit in den Raum hinaus, sehr viel weiter wahrscheinlich, als sie das Auge in den wenigen Minuten der Sonnenfinsternis verfolgen kann. Wir werden sehen, daß ihre äußersten Ausläufer gelegentlich noch die Erde berühren können und dabei deren äußeres Magnetfeld nachweisbar stören (vgl. S. 148).

Wie ist es aber möglich, daß das Koronagas eine Temperatur von 1 Million Grad besitzen kann, obgleich die Oberfläche der Sonne, auf der die Korona aufliegt, höchstens eine Temperatur von 10000° hat? Leider gibt es hierfür noch keine eindeutige Erklärung, doch vermutet man, daß ganz ähnlich, wie die Photosphäre durch ihre Granulenstöße die Chromosphäre aufheizt, die Chromosphäre durch ihre überschallschnellen Spritzer die Korona erhitzt. In Wirklichkeit sind die Grenzen zwischen Photosphäre, Chromosphäre und Korona etwas verwaschener als hier dargestellt. Auch macht die quantitative Diskussion der Energieübertragung zwischen diesen Schichten noch große Schwierigkeiten, da es sich um Druckwellen von Überschallgeschwindigkeit handelt, die unter Bedingungen auftreten, wie man sie im

Experiment auf der Erde — etwa im Windkanal — keinesfalls nachmachen kann. Die Verhältnisse werden noch kompliziert dadurch, daß Magnetfelder vorhanden sind und daß die Materie elektrisch leitend ist. Die Korona hat daher für den Physiker durchaus noch nicht den Charakter eines Naturwunders verloren.

Die Beobachtung der Sonnenkorona außerhalb von Sonnenfinsternissen. Einen kräftigen Impuls erfuhr die Koronaforschung durch eine Erfindung des französischen Astronomen Bernard Lyot: den Koronographen. Mit diesem Instrument kann man die inneren Teile der Korona auch außerhalb von Finsternissen beobachten.

Die Korona hat etwa die Helligkeit des Vollmondes, also nur etwa ein Millionstel der Sonnenhelligkeit. Viele berühmte Astronomen haben sich vergeblich geplagt, die aus den Sonnenfinsternissen wohlbekannte lichtschwache Korona sichtbar zu machen. Die Hauptschwierigkeit ist das starke Streulicht in der Umgebung der Sonnenscheibe, das die zarte Korona einfach zudeckt. Dieses Streulicht ist am Erdboden auch bei blauem Himmel meist sehr viel stärker als die Korona. Man muß in das Hochgebirge steigen, um aus der Streulicht erzeugenden Staub- und Dunstatmosphäre herauszukommen. Das hat man auch früher schon getan, doch dabei übersehen, daß das störende Streulicht nicht nur in der Erdatmosphäre erzeugt wird, sondern auch im Fernrohr selbst. Denn auch das Fernrohrobjektiv, das die Sonnenkorona abbilden soll, wird vom grellen Sonnenlicht getroffen. Man kann leicht nachrechnen, daß das kleinste Kratzerchen oder Stäubchen auf dem Objektiv mehr Streulicht erzeugt, als die Helligkeit der ganzen Korona ausmacht. Das hat der geniale Lyot als Erster erkannt und die erforderlichen konstruktiven Konsequenzen gezogen. Im Sommer 1930 gelang es ihm auf dem Gebirgsobservatorium des Pic du Midi in den Pyrenäen (2860 m ü. d. M.), mit seinem Koronographen zum erstenmal die Korona zu sehen. Im Grund ist sein Fernrohr einfach. Das Objektiv ist aus besonders klarem, blasenfreiem Glas gemacht, seine Oberfläche besonders gut poliert und gereinigt. Das Bild der Sonne wird durch eine Kegelblende weggefangen, so daß nur das Gebiet um die Sonne herum in das Okular des Beobachters gelangt. In der Abb. 36 ist ein solcher Koronograph schematisch dargestellt.

Außerdem wird das Sonnenlicht, das am Rande des Objektivs A gebeugt wird — es würde übrigens auch dann gebeugt, wenn statt des Objektivs nur eine gleich große, freie Öffnung vorhanden wäre —, durch ein Kreisscheibchen B am richtigen Ort weggefangen. Mit einem solchen Instrument kann man am Pic du Midi etwa an 150—200 Tagen im Jahr die inneren Teile der Sonnenkorona sehen, ihre Strukturen erkennen und die sehr

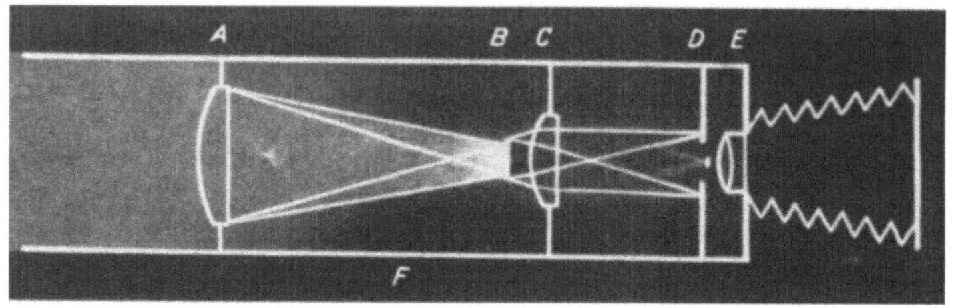

Abb. 36. Schema eines Koronographen

schwankenden Helligkeiten der Korona-Emissionslinien um den ganzen Sonnenrand herum messen.

Da die Korona aber immer nur am Sonnenrand beobachtet werden kann — ihr Nachweis auf der hellen Sonnenscheibe erscheint vorerst noch aussichtslos —, so müssen wir das räumliche Bild der Korona, die sich ja um die ganze Sonnenkugel herum legt, aus vielen Beobachtungen am Ost- und Westrand zusammensetzen. Das ist heute möglich geworden, nachdem die Sonnenkorona auf der ganzen Erde von sieben Koronographen überwacht wird, die in weltweiter Zusammenarbeit ein fast lückenloses Tagebuch der Korona registrieren. Es sind die folgenden Stationen: Pic du Midi, 2860 m (Frankreich), Arosa, 2050 m (Schweiz), Wendelstein, 1840 m (Oberbayern), Kanzelhöhe, 1900 m (Österreich), Climax, 3500 m (Colorado, USA), Sacramento Peak, 2760 m (New Mexico, USA) und Mt. Norikura, 2900 m (Japan).

Im allgemeinen werden die Helligkeitsmessungen nur mit dem Auge gemacht, die Helligkeiten werden also nur geschätzt. In der Abb. 37 sind die gleichzeitig an verschiedenen Stationen aufgenommenen sogenannten Koronakonturen eingetragen. Sie geben nicht etwa die Form der Korona, vielmehr bedeutet der jeweilige Abstand der Kurve vom Sonnenrand die Helligkeit der

66

grünen Koronalinie bei 5303 Ångström am Sonnenrande an dieser Stelle. Diese Spektrallinie geht vom Eisenatom aus, das 13 seiner Hüllenelektronen durch Ionisation verloren hat. Man nennt es daher auch Eisen Fe XIV. Wir werden auf S. 116 auf diese Beobachtungen zurückkommen und sie mit anderen Beobachtungen auf der Sonnenscheibe vergleichen. Es wird sich herausstellen, daß die im Koronographen beobachteten Helligkeitsschwankungen in engstem Zusammenhang mit den Sonnenflecken und den Protuberanzen stehen, daß Photosphäre, Chromosphäre und Korona phänomenologisch eine Einheit bilden, so etwa wie das Luftmeer der Erde in allen seinen veränderlichen Erscheinungen kaum ohne Einbeziehung der Wolken und der Meere verstanden werden kann.

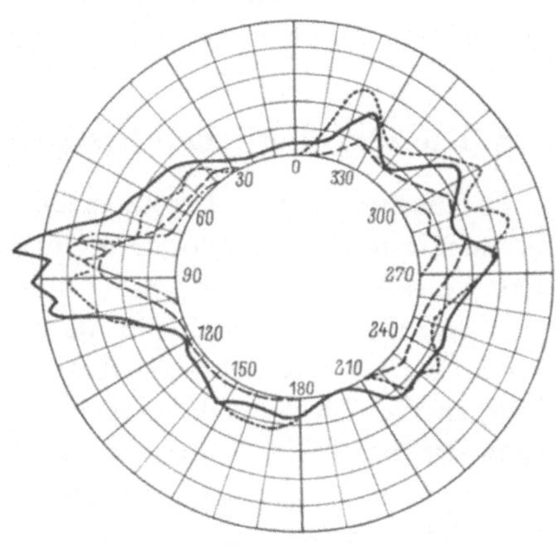

Abb. 37. Vergleichende Koronakonturen im Lichte der grünen Koronalinie. —— Pic du Midi, ... Arosa, ---- Wendelstein (Bayern), —·—· Zugspitze

In den letzten Jahren hat der Koronograph nochmals eine wesentliche Verbesserung durch Lyot erfahren. Die Korona wird nicht mehr mit dem Auge oder mit der photographischen Platte, sondern mit einer Photozelle registriert, einem Gerät also, das Licht in einen meßbaren elektrischen Strom verwandelt. Eine solche Photozelle gestattet in Verbindung mit besonderen Verstärkern sehr kleine Helligkeitsunterschiede festzustellen, und zwar auch dann, wenn diese Unterschiede winzig klein im Vergleich zur Helligkeit selbst sind. Das Prinzip dieser hochempfindlichen Methode kehrt in Physik und Astronomie in mannigfacher Abwandlung wieder, so besonders in der Radioastronomie, bei der Messung von Magnetfeldern auf der Sonne und bei der Messung der Polarisation des Lichtes entfernter Sterne. Man glaube jedoch nicht, daß dadurch das menschliche Auge oder die altehrwürdige photographische Platte aus dem Instrumentarium des Astronomen verschwinden würde. Gerade bei der Sonnenbeobachtung ist das Auge häufig unentbehrlich. Und wenn die photographische Platte auch nicht die Licht- und Kontrastempfindlichkeit der Photozelle besitzt, so hat sie doch eine andere unschätzbare Fähigkeit: sie erzeugt ein bleibendes Bild, während eine Photozelle immer nur einen einzelnen Helligkeitswert, also jeweils nur die Helligkeit eines Bildpunktes zu messen gestattet.

7. Die veränderlichen Erscheinungen auf der Sonne

Die Sonne ist stabil trotz ihrer Veränderungen. Die Sonne ist kein fester Körper, sondern ein glühender Gasball mit einem Durchmesser von etwa einer Million Kilometer. Er wird nur zusammengehalten durch die Massenanziehung, und wir haben guten Grund anzunehmen, daß sich der Durchmesser dieses luftigen Gebildes in den vergangenen Milliarden Jahren kaum geändert hat. Die Sonne ist also offensichtlich ein stabiler Himmelskörper, der auch weitere Jahrmilliarden leuchten wird. Dennoch verändert sich manches auf und in ihr, ohne daß ihre Form darunter leidet. Die Veränderungen, die wir auf der Sonnenoberfläche wahrnehmen können, treten sicher auch auf den zahllosen anderen, sonnenähnlichen Sternen auf. Doch kann man sie dort nicht beobachten, denn selbst die nächsten Sterne erscheinen im größten Fernrohr nur als Lichtpunkte ohne Ausdehnung und Gestalt. Man beobachtet von den Sternen also nur das Licht, nicht ihre Gestalt, keine Helligkeitsverteilung auf ihrer Oberfläche, so wie das auf der Sonne möglich ist. Die Sonnenforschung spielt daher innerhalb der Astrophysik eine besondere Rolle. Sie allein kann einen Stern en detail untersuchen und damit den bedauernswerten Sternforschern, deren Sterne nur Lichtpunkte sind, wichtige Fingerzeige geben.

Die Zahl der verschiedenen auf der Sonne beobachtbaren Erscheinungen ist sehr groß. Sie alle hängen zusammen, etwa so, wie die verschiedenen meteorologischen Vorgänge in unserer Atmosphäre ein Ganzes bilden. Man könnte daher auch die veränderlichen Phänomene auf der Sonne unter dem Begriff des „Sonnenwetters" zusammenfassen.

Die Entdeckung der Sonnenflecken. Die am längsten bekannten Erscheinungen auf der Sonne sind die Sonnenflecken. Normalerweise sieht man sie nicht mit dem bloßen Auge. Ist das Licht der Sonne jedoch durch Nebel, dünne Wolken oder durch die Rötung vor dem Sonnenuntergang so geschwächt, daß man ungeblendet in sie hineinsehen kann, so wird man auch mit dem bloßen Auge leicht größere Sonnenfleckengruppen erkennen, deren Durchmesser gelegentlich ein Zehntel des Sonnendurchmessers ausmachen kann.

Die eigentliche Entdeckungsgeschichte der Sonnenflecken begann daher verständlicherweise erst nach der Erfindung des Fernrohrs, obgleich sehr viel ältere Zeugnisse gelegentlicher Fleckenbeobachtungen vorliegen. Diese fanden jedoch kaum Beachtung, da man an Täuschungen, an Wolken vor der Sonne oder dgl. glaubte. Als Johannes Fabricius an einem Dezembermorgen des Jahres 1610 das kurz zuvor erfundene Fernrohr benutzen wollte, um den Sonnenrand abzusuchen, entdeckte er zu seiner größten Verwunderung Flecken auf der Sonne. Er berichtete über seine Entdeckung in seiner „Narratio de maculis in sole observatis et apparente earum cum sole conversione", Wittenberg 1611:

„Ich richte das Fernrohr nach der Sonne. Sie schien mir allerlei Ungleichheiten und Rauhigkeiten zu haben. Indem ich nun das aufmerksam betrachtete, zeigt sich mir unerwartet ein schwärzlicher Fleck von nicht geringer Größe im Vergleich zum Sonnenkörper. Ich glaubte, vorbeiziehende Wolken stellen den Fleck dar. Ich wiederholte die Wahrnehmung wohl zehnmal durch batavische Fernröhren von verschiedener Größe, versicherte mich endlich: Wolken verursachen diese Flecken nicht. Indessen wollte ich doch mir allein nicht trauen, rief also den Vater. Wir fingen beide mit dem Fernrohr die Sonnenstrahlen auf, anfangs am Rand, gingen nach und nach gegen die Mitte, bis das Auge an die Strahlen gewöhnt war und wir die ganze Sonnenscheibe sehen konnten. Da sahen wir das Erwartete deutlicher und gewisser. So verging uns der erste Tag und unserer Neugier war die Nacht beschwerlich, die uns unter Zweifeln verging, ob der Fleck in oder außer der Sonne wäre. — Den folgenden Morgen erschien mir beim ersten Anblick der Flecken wiederum, zu meiner großen Freude. Indessen schien der Fleck seine Stelle ein wenig geändert zu haben, was uns Bedenken machte. — Nun war es drei Tage lang trüb. Als wir wieder heiteren Himmel bekamen, war der Fleck von Osten gegen Westen in einiger Schiefe fortgerückt."

Einige Monate später sah auch der Jesuitenpater Christoph Scheiner in Ingolstadt Flecken auf der Sonne. Er wurde jedoch von seinem Provinzial so beschimpft, „daß er etwas sehen wolle, wovon bei Aristoteles nichts zu lesen sei", daß er erst ein halbes

Jahr später wieder zu beobachten wagte. Er schrieb dann auch Galilei von seinen Beobachtungen, der ihm prompt zurückschrieb, daß er schon im August 1610 Sonnenflecken gesehen habe. Allerdings scheint Galilei zunächst die Tragweite seiner Entdeckung nicht ganz erkannt zu haben.

Über die Natur der Sonnenflecken war man zunächst sehr verschiedener Meinung. Die einen behaupteten, um die Reinheit der Sonne zu retten (wie könne man behaupten, das Weltauge sei krank!), es seien um die Sonne kreisende Körper. Manche wollten diese zu „österreichischen Gestirnen" erheben. Der Franzose Tardé nannte sie „bourbonische Gestirne". Andere teilten sie der Sonne selbst zu und faßten sie als Schlacken in der brennenden Sonne auf. Diese Schlacken sollten dann gelegentlich als Kometen davonfliegen, damit die Sonne „wie ein gebutzt Kertzenlicht" wieder heller leuchten könne. Kepler, der um 1613 auch Sonnenflecken beobachtete, glaubte, daß es Wolken auf der Sonne seien, da sie sich nicht alle mit gleicher Geschwindigkeit über die Sonnenscheibe bewegten, also ihr nicht anhaften könnten, und da sie sich gelegentlich auflösen und wiedererscheinen. Es könnten undurchsichtige Rauchwolken sein, die aus dem weißglühenden Sonnenkörper aufsteigen.

Am klarsten hat vor mehr als 300 Jahren wohl Pater Christoph Scheiner die Erscheinung der Sonnenflecken erkannt. Er verwendete als erster ein parallaktisch montiertes Fernrohr, mit dem er leicht der Sonne folgen konnte. Er stellte eindeutig fest, daß sich die Flecken mit der Sonne drehten. Er bestimmte die Rotationsdauer der Sonne und bemerkte sogar schon, daß sich die Zonen der Sonnenflecken im Laufe der Jahre verschoben.

Flecken und Rotation der Sonne. Durch ein modernes Fernrohr sieht die Sonne nicht sehr anders aus als vor 300 Jahren. In der Abb. 14 ist eine photographische Aufnahme der Sonne im weißen Licht wiedergegeben. Man erkennt, daß die Flecken in zwei äquatorparallelen Zonen angeordnet sind, nördlich und südlich vom Äquator. Die Rotationsachse der Sonne ist eingetragen. Die Flecken wandern über die Sonnenscheibe, sie brauchen vom Ostrand bis zum Westrand etwa 13,5 Tage. Lebt der Fleck lange genug, so erscheint er nach weiteren 13,5 Tagen wieder am Ostrand. Die Sonne dreht sich also in 27 Tagen einmal

herum. Während dieser Zeit hat sich aber auch die Erde auf ihrer
Bahn um die Sonne ein Stück weiter bewegt. Eine genauere Betrachtung zeigt, daß die Sonne tatsächlich für eine Umdrehung
um 360° etwa 25,4 Tage braucht. Das ist die siderische Rotations-
periode, während die von der Erde aus wahrgenommene die
synodische ist. Dieser Umdrehung entspricht eine Äquator-
geschwindigkeit der Sonne von etwa 2 km in der Sekunde.

Die Rotationsachse der Sonne ist um etwa 7° gegen die Bahn-
ebene der Erde, die Ekliptik, geneigt. Je nach Stellung der Erde
auf ihrer Bahn um die Sonne wird uns also die Drehachse der
Sonne verschieden geneigt erscheinen. Da man die Lage ihrer
Drehachse aus Fleckenbeobachtungen jederzeit ermitteln kann,
so gibt sie uns auch die Möglichkeit, ähnlich wie auf der Erde,
Koordinaten auch auf der Sonne einzuführen: die heliographische
Länge und Breite, wie sie in der Abb. 64 benutzt werden.

Merkwürdigerweise ändert sich die Rotationsgeschwindigkeit
der Sonne mit der heliographischen Breite. Am Äquator rotiert
sie schneller als in höheren Breiten. Sie dreht sich also nicht wie
ein starrer Körper, sondern verdreht sich dauernd in sich selbst.
Die Polkappen bleiben dabei beträchtlich hinter dem Äquator
zurück. Diese dauernde Verformung der Sonnenoberfläche —
wollte man eine Karte der Sonnenoberfläche entwerfen, so müßte
man diese täglich neu zeichnen — ist sicher nicht nur eine Eigenschaft der Oberfläche. Vielmehr muß man annehmen, daß diese
differentielle Rotation tief in den Sonnenkörper hineinreicht, daß
also ganze Teile der Sonne sich sozusagen gegeneinander drehen.
Die hierbei zustande kommenden Reibungs- und Strömungs-
effekte spielen wahrscheinlich eine entscheidende Rolle für die
Erzeugung der zahlreichen veränderlichen Erscheinungen auf
der Sonne.

Sonnenflecken sind kühler als die Photosphäre. Was ist ein
Sonnenfleck? Wie die Abb. 38 zeigt, besteht ein einzelner Fleck
aus einem dunklen Kern, der Umbra, und einem weniger dunklen
umrandenden Teil, der Penumbra. Die Umbra ist natürlich nicht
völlig dunkel, vielmehr erscheint sie dem Auge und auch auf
der photographischen Platte nur aus Kontrastgründen schwarz.
Tatsächlich hat man auch in der dunklen Umbra manchmal
Einzelheiten erkennen können. Der Durchmesser eines solchen

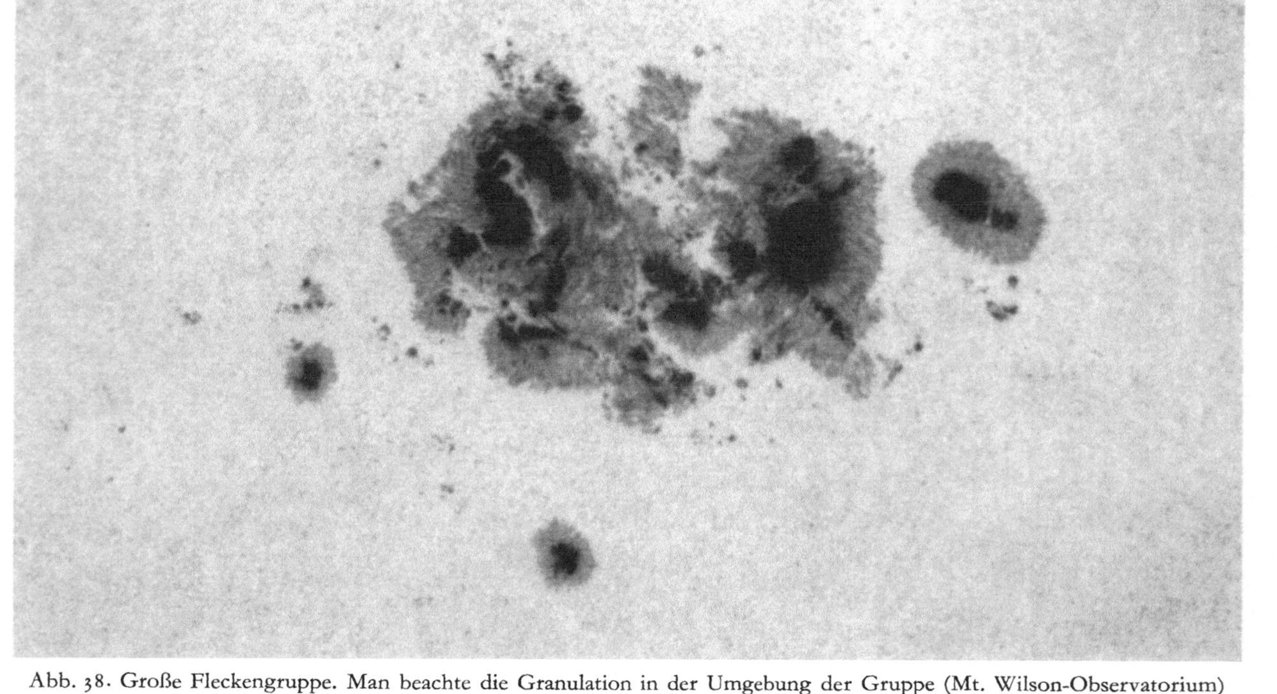

Abb. 38. Große Fleckengruppe. Man beachte die Granulation in der Umgebung der Gruppe (Mt. Wilson-Observatorium)

einzelnen Flecks kann 10 000 km (etwa der Erddurchmesser), aber auch über 50 000 km betragen. Die Helligkeitsverminderung in der dunklen Umbra kann nur durch eine beträchtliche Abnahme der Sonnentemperatur an dieser Stelle erklärt werden. Die Temperatur muß etwa 1500° niedriger sein als in der ungestörten Photosphäre der Umgebung, wo sie etwa 6000° beträgt. Es ist sehr schwierig, diese Abkühlung zu verstehen. Wir werden es später versuchen, wenn wir erst einige physikalische Eigenschaften der Sonnenflecken kennengelernt haben.

Lebensgeschichte der Sonnenflekken. Die Sonnenflecken zeigen eine ausgesprochene Neigung, in Gruppen aufzutreten. Die Lebensgeschichte einer solchen Gruppe fängt an mit einem winzigen Fleck, der eigentlich nur dadurch zustande kommt, daß einige helle Granulen der Photosphäre nach ihrer Auflösung nicht mehr wiederkehren. Zu der so entstandenen dunklen Pore von etwa 2000—3000 km Durchmesser gesellen sich dann bald einige weitere Poren. Meist verschwinden solche kleinen Fleckengrüppchen wieder nach einigen Stunden oder nach einem Tag. Manchmal geht die Entwicklung jedoch weiter. Sie verläuft dann etwa wie in der Zeichnung der Abb. 39 dargestellt.

Die neun in der Zeichnung wiedergegebenen Stadien sind zugleich die Fleckentypen A—J der sogenannten Züricher Skala. In der Type C bekommen die dunklen Flecken eine Penumbra,

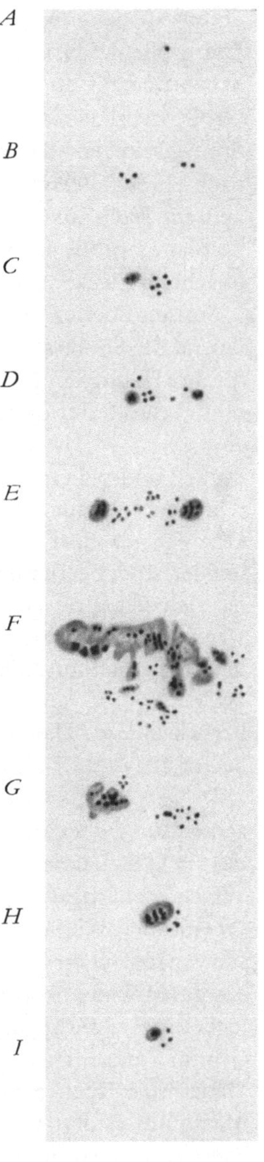

Abb. 39. Fleckenentwicklung und Klassifizierung n. Waldmeier

73

deren Ausdehnung dann bei der Type F ein Maximum erreicht. Die großen F-Gruppen können Ausdehnungen über 200000 km haben und bis zu 100 Einzelflecken besitzen. Sie erreichen diese Größe meist nach etwa 10 Tagen. Eine auf der uns zugekehrten Sonnenseite entstehende Fleckengruppe wird häufig 13,5 Tage nach ihrem Verschwinden am Westrand am Ostrand wiederkehren. Mehr als zwei Sonnenrotationen überleben nur wenige besonders große Fleckengruppen. Die langlebigste bis heute beobachtete Fleckengruppe überdauerte 5 Sonnenrotationen.

Sonnenflecken werden seit 300 Jahren gezählt. Die Anzahl der auf der Sonne sichtbaren Flecken ist sehr veränderlich. Als Maß für ihre Häufigkeit führte vor etwa 100 Jahren der Schweizer Astronom R. Wolf die Sonnenfleckenrelativzahl R ein. Sie ist definiert als $R = 10\,g + f$. Hierin ist f die Anzahl aller beobachteten Einzelflecken und g die Anzahl der Gruppen. So würde also die Fleckenrelativzahl der auf der Abb. 14 abgebildeten Sonne $R = 10 \times 8 + 37$ betragen, da dort $g = 8$ Gruppen und $f = 37$ Einzelflecken vorhanden sind. Diese merkwürdige Art, die Sonnenflecken zu zählen, hat sich seit Wolf gehalten, obwohl sie eigentlich nicht begründet werden kann. Als relatives Maß für die Fleckentätigkeit der Sonne hat sie jedoch gute Dienste geleistet. Man darf jedoch nicht vergessen, daß sie nur die Flecken der uns zugekehrten Sonnenhälfte berücksichtigt. Damit wird dieses Maß von der Stellung der Erde beeinflußt und ist also keine wirklich solare Maßzahl.

In der Abb. 40 ist die berühmte Kurve der Fleckenrelativzahlen für die letzten 200 Jahre aufgetragen. Die Beobachtungen des 17. Jahrhunderts mußten hierfür in mühsamer Arbeit aus verschiedenartigsten Quellen zusammengetragen werden. Es scheint hiernach, als ob die Fleckentätigkeit der Sonne periodisch schwankte. Während der Minima verschwinden die Flecken für einige Monate nahezu ganz. Während der Maxima treten gelegentlich 15 Gruppen und mehr zugleich auf, so daß die Sonne sich im Fernrohr wie mit Sommersprossen übersät ausnimmt. Die Dauer einer Fleckenperiode ist etwa 11 Jahre. Der Anstieg zum Maximum erfolgt rascher (im Mittel etwa 4,6 Jahre) als der Abstieg vom Maximum zum Minimum (etwa 6,7 Jahre). Auch die Höhe der Maxima schwankt beträchtlich. So wurde die Höhe des Maximum von 1947 nur noch im Jahre 1778 erreicht.

**Schwankt die Häufig-
keit der Sonnenflecken
periodisch?** Früher glaubte
man, daß die Fleckentätigkeit der Sonne wirklich ein
periodischer Vorgang sei,
der durch die Überlagerung
verschiedener Perioden zustande käme. Einige meinten
sogar, daß die um die Sonne
kreisenden Planeten diese
Periode verursachten, da die
Umlaufzeit des größten Planeten, des Jupiter, gerade
etwa 11 Jahre betrüge. Inzwischen hat sich jedoch mit
großer Deutlichkeit heraus-
gestellt, daß jene mehrjähri-
gen Auf- und Abstiege der
Fleckenkurve nahezu un-
abhängige Einzelvorgänge
sind. Man muß also die Vorstellung einer Periodizität
zugunsten der sogenannten
Eruptions-Hypothese fallen
lassen. Diese behauptet, daß
jeder Fleckenbuckel oder
Fleckenzyklus ein selbstän-
diger Ausbruch der Sonne
ist, der innerhalb von etwa
11 Jahren ausklingt. Der
Ablauf eines solchen Aus-
bruchs hat eine charakte-
ristische Form. In der Abb.
41 sind drei solcher Zyklen

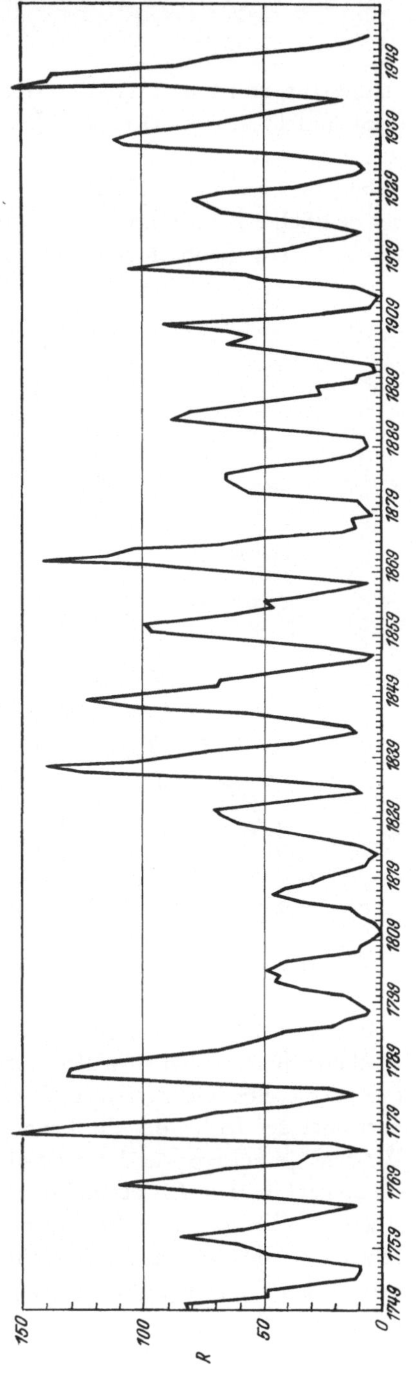

Abb. 40. Fleckenrelativzahlen
1749—1951

dargestellt, und zwar I. 1798—1810, II. 1878—1889, III. 1889 bis 1901 und IV. 1833—1843. Die Jahre an der waagerechten Zeitachse sind jeweils vom Maximumjahr aus gerechnet. Die Kurven haben zwei besondere Eigenschaften, die ihren Eruptionscharakter deutlich erkennen lassen. Dies mag aus der Abb. 42 erhellen, die irgendeine beobachtete Fleckenkurve wiedergeben soll.

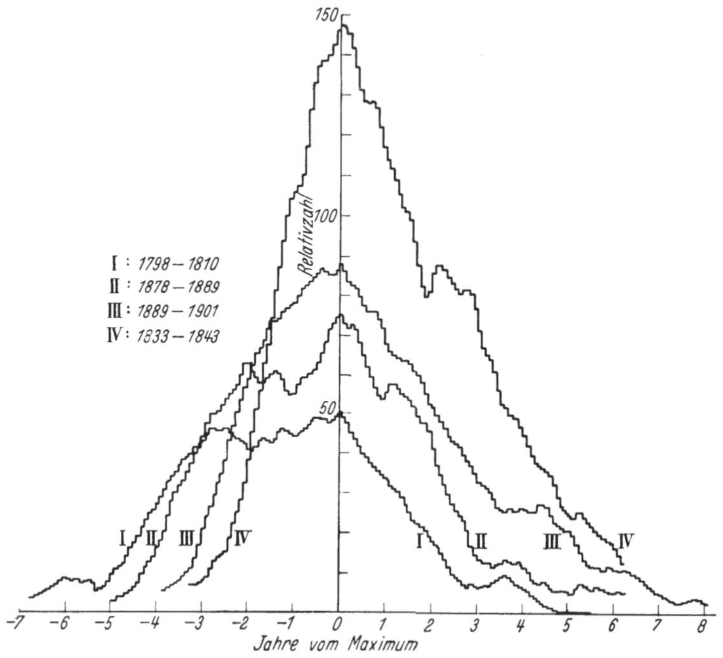

Abb. 41. Charakteristische Fleckenkurven nach WALDMEIER

Es ergibt sich nämlich, gleichgültig wie hoch das Maximum der Fleckentätigkeit auch ausfallen mag, daß das Flächenstück A immer dieselbe Größe hat und daß das Flächenstück B proportional der Höhe des Fleckenmaximum R_M ist. Mit anderen Worten: Je heftiger die Ursache im Sonneninnern ist, die einen Fleckenzyklus zur Eruption bringt, um so rascher erfolgt der Ausbruch. Denn würde der Ausbruch immer gleich schnell erfolgen, so müßte das Flächenstück A ja mit der erreichten maximalen Fleckentätigkeit R_M zunehmen. Mit Erreichung des

Fleckenmaximum ist die Kraft der Eruption erloschen. Der Vorgang beginnt abzuklingen. Die Fläche B stellt dann sozusagen ein Maß für die insgesamt in die Explosion hineingesteckte Energie dar. Würde es sich um einen Vulkanausbruch handeln, so würde B etwa die insgesamt ausgestoßene Lavamenge darstellen. Leider sind wir weit davon entfernt, diese formale Analogie zwischen einem Sonnenzyklus und einer Explosion physikalisch im einzelnen zu verstehen, denn der eigentliche Mechanismus spielt sich im unzugänglichen Sonneninnern ab. Über seinen Ablauf können wir nur Vermutungen anstellen.

Von nahezu praktischem Interesse ist die Möglichkeit, mit Hilfe dieser Eigenschaften der Sonnenfleckenkurve Voraussagen über die Häufigkeit der Sonnenflecken innerhalb eines angebrochenen Zyklus zu machen.

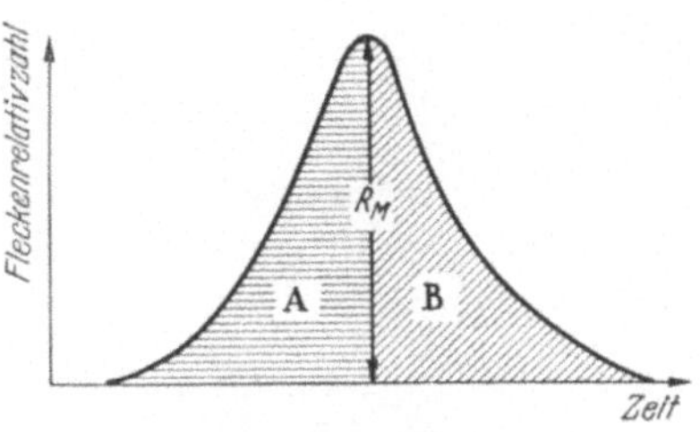

Abb. 42. Schema eines Fleckenzyklus

Solche Prognosen sind besonders wichtig für die Vorauserkennung der Ausbreitungsbedingungen von Kurzwellen über große Entfernungen (vgl. S. 142), die merkwürdigerweise sehr eng mit der Häufigkeit der Sonnenflecken zusammenhängen.

Die Zonen der Sonnenflecken und ihre Wanderung. Die Vorstellung, daß das Auf und Ab der Sonnenfleckenhäufigkeit kein periodischer Vorgang wie das Schwingen eines Pendels, sondern aus lauter einzelnen unabhängigen Zyklen zusammengesetzt ist, bewahrheitet sich noch mehr, wenn man neben ihrer Häufigkeit auch die Verteilung der Sonnenflecken auf der Sonnenkugel betrachtet. Wie schon in der Abb. 14 zu sehen war, ordnen sich die Sonnenfleckengruppen nicht wahllos auf der Sonne an, sondern in zwei Gürteln parallel zum Äquator. Die Gürtel sind nicht immer in der gleichen heliographischen Breite, sondern sie wandern zum Sonnenäquator hin. Während die ersten Flecken eines 11jährigen Zyklus in etwa 30° nördlicher und südlicher Breite auftauchen (und dort einige Wochen leben), wandern die Gürtel, innerhalb deren die Flecken auftauchen und verschwinden, langsam zum Äquator. Am Ende des Zyklus, also etwa 11 Jahre

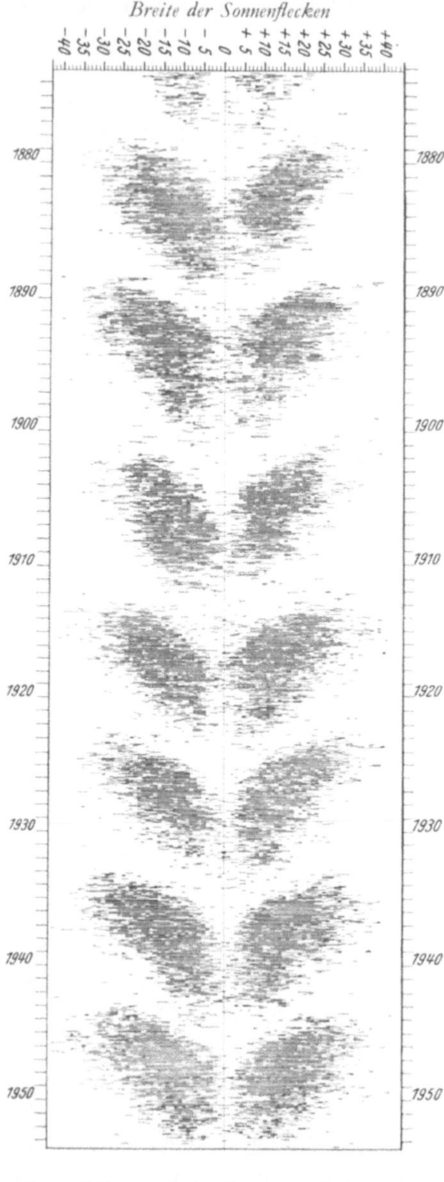

Abb. 43. Schmetterlingsdiagramm der Sonnenflecken (nach H. W. NEWTON, Greenwich)

später, sind sie in etwa 8° Breite angekommen und berühren fast den Äquator. Die wunderbare Regelmäßigkeit, mit der diese Zonenwanderung vor sich geht, ersieht man aus dem berühmt gewordenen Maunderschen Schmetterlingsdiagramm der Abb. 43, das für die Zeit von 1874 bis 1953 die Lage aller beobachteten Flecken enthält. Die Zeitachse läuft von unten nach oben; seitlich von der Mittellinie, die den Sonnenäquator darstellt, sind die heliographischen Breiten auf der Nordhalbkugel (links) und auf der Südhalbkugel (rechts) eingetragen. Man versteht aus diesem „Fahrplan" der Sonnenflecken nicht nur, wie regelmäßig sich die Zonen in jedem Zyklus zum Äquator hinschieben, sondern auch viel deutlicher als aus der Häufigkeitskurve der Flecken die Unabhängigkeit der einzelnen Zyklen. Denn jeder Zyklus ist ein isolierter Schmetterling, der seinen Nachbar nicht berührt. Doch das Diagramm besagt noch mehr: während nämlich die letzten Flecken eines Zyklus in niederen Breiten ihr Leben aushauchen, erscheinen gleichzeitig schon in hohen Breiten die ersten Flecken des neuen Zyklus. Die Zyklen der Sonne überlappen sich also, gelegentlich bis zu 4 Jahren. Das ist eine Erscheinung, wie sie bei einem rein periodischen Vorgang nicht möglich wäre. Auch die Breitenwanderung der Fleckenzonen hängt mit der Heftigkeit der verursachten Explosion zusammen. Je höher nämlich die Fleckentätigkeit der Sonne im Maximum ansteigt, in um so höheren Breiten erscheinen die ersten Flecken des Zyklus. Die Zonenbewegung muß also ein unmittelbarer Ausfluß des den Zyklus auslösenden unsichtbaren Vorganges im Sonneninnern sein.

Sonnenflecken sind magnetisch. Schon vor etwa 100 Jahren beobachtete der Engländer Lockyer, daß die Spektrallinien im dunklen Teil der Sonnenflecken gelegentlich doppelt erschienen. Erst um die Jahrhundertwende gelang es dann dem großen amerikanischen Pionier der Sonnenforschung, George Ellery Hale, diese Linienaufspaltung physikalisch zu deuten. Das geschah kurz nachdem der Holländer Zeeman entdeckt hatte, daß Atome im Magnetfeld doppelte Linien aussenden können. Der äußere Anlaß, der Hale dazu brachte, in Sonnenflecken nach Magnetfeldern zu suchen, war die Wirbelstruktur der Chromosphäre über den Sonnenflecken, wie sie in den Wasserstoffspektroheliogrammen sichtbar wird (vgl. Abb. 57). Er glaubte, diese Wirbelbewegung sei gleichbedeutend mit einem elektrischen Wirbelstrom, und dieser müßte ein Magnetfeld erzeugen. Heute wissen wir, daß das Magnetfeld der Flecken aus dem Innern der Sonne kommt und daß die sichtbaren chromosphärischen Wirbel zum Teil Folgeerscheinungen dieses Magnetfeldes sind und nicht die Ursache. So wurde die Verwechselung von Ursache und Wirkung zum Anlaß einer großen Entdeckung.

Wie sieht man dem Sonnenspektrum aber an, daß bei der Aussendung des Lichtes ein Magnetfeld zugegen war? Um das zu verstehen, müssen wir den von Zeeman gemachten Laboratoriumsversuch beschreiben. Er brachte ein Geisslerrohr, das bei Anlegen von Hochspannung die Spektrallinie des eingeschlossenen Gases aussendet, in das kräftige Magnetfeld eines Elektromagneten. Mit

Hilfe eines empfindlichen Spektrographen konnte er dann feststellen, daß sich die Linien mit Einschalten des Magnetfeldes ein
klein wenig verschoben, und daß sich bei sehr starken Magnetfeldern einfache Linien in zwei oder mehr Linien aufspalten. Er
konnte so aus der Verschiebung der Spektrallinien gegen ihre
normale Wellenlänge (ohne Magnetfeld) auf die Stärke des
Magnetfeldes schließen, ohne irgend eine Messung am Orte des
Magnetfeldes selbst durchführen zu müssen.

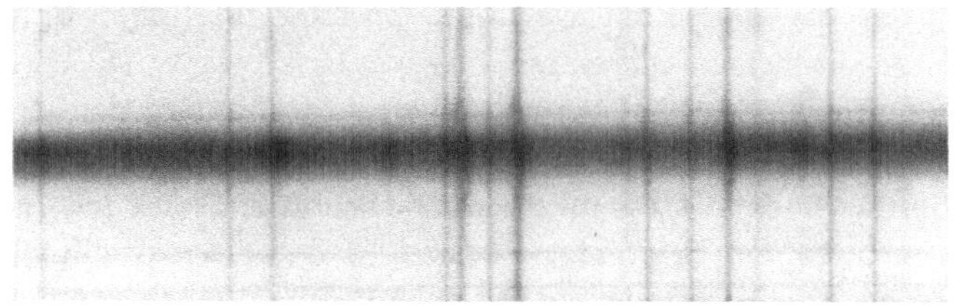

Abb. 44. Spektrum eines Sonnenfleckes

Bei dem Spektrum eines Sonnenflecks handelt es sich um Absorptionslinien und nicht um Emissionslinien wie bei den Zeeman-
schen Versuch. Doch für diese gilt das gleiche. Ihre Verschiebung
gegen die normale Lage ist ein Maß für die Stärke des Magnetfeldes im Sonnenfleck. Die Abb. 44 zeigt ein solches Flecken-
spektrum. In dem dunklen Streifen, der von der Umbra des Flecks
herrührt, sind die Fraunhoferschen Linien deutlich verschoben.

Die Verschiebung bzw. die nur angedeutete Verdoppelung der
Linien ist innerhalb des dunklen, von der dunklen Umbra des
Fleckes herrührenden Querstreifens am größten. Das Magnetfeld
muß also auch hier am stärksten sein. Da auch andere Einflüsse
wie die rasche Bewegung der lichtaussendenden Atome Linien-
verschiebungen hervorrufen können, so bedient man sich bei der
Magnetfeldmessung noch eines Tricks, der die magnetische
Linienverschiebung aus allen anderen eventuell vorkommenden
Verschiebungen heraussortiert, indem er nämlich die sogenannte
Polarisation oder auch die Schwingrichtung des Lichtes mit berücksichtigt. Einige Linien im Sonnenspektrum eignen sich
besonders zur Messung von Magnetfeldern. Sie stammen fast
alle vom Eisen. Das Ergebnis einer langjährigen systematischen

Untersuchung, die fast nur am Mt. Wilson Observatorium in Californien durchgeführt wurde, läßt sich kurz zusammenfassen: Alle Sonnenflecken haben ein kräftiges Magnetfeld, das um so stärker, je größer der Fleck ist. Seine Stärke kann, bis über 3000 Gauss ansteigen, während die Stärke des Magnetfeldes der Erde, das unsere Kompaßnadeln dreht, nur etwa 0,2 Gauss beträgt.

Fast alle Fleckengruppen haben nordmagnetische und südmagnetische Flecken, die sich meist zu größeren Paaren gruppieren. Man nennt eine solche Fleckenordnung eine bipolare Gruppe. Manchmal ist nur der eine magnetische Pol durch einen Fleck vertreten, während am (vermutlichen) Ort des anderen Poles zwar ein schwaches Magnetfeld, aber kein Fleck auftritt. Hale nennt dieses Feld einen unsichtbaren Fleck. Meist entsteht an dieser Stelle später noch ein Fleck. Diese Beobachtung deutet schon darauf hin, daß das Magnetfeld eines Fleckes wichtiger ist als seine Form oder die Abkühlung in seiner Umbra. Das Magnetfeld ist am Ort des Flecks offenbar schon vor Sichtbarwerden des Flecks vorhanden.

Der magnetische Zyklus dauert 22 Jahre. Das interessanteste Ergebnis dieser Untersuchung bezieht sich aber auf die Anordnung der bipolaren Gruppen. Als Hale und seine Mitarbeiter um das Jahr 1913 nämlich die ersten Flecken des neuen Zyklus in hohen Breiten der Sonne magnetisch untersuchten, waren sie sehr verwundert, daß die magnetische Polarität dieser Fleckengruppen plötzlich vertauscht war gegen diejenige der Flecken vom alten Zyklus der niedrigen Breiten. Während vorher stets der zum Westrand der Sonne voranlaufende Fleck einer Gruppe ein Nordpol war, waren es nun auf einmal lauter Südpole. Am Ende des Zyklus (1924) drehte sich dann die Polarität wieder um. Aus der Abb. 45 erkennt man den Zusammenhang zwischen der Zonenwanderung, der Fleckenhäufigkeit und diesem Polaritätenwechsel. Die magnetische Umpolung setzt ein mit Beginn des neuen Zyklus, d. h. also im Zeitpunkt der geringsten Fleckentätigkeit. Bis zur Wiederherstellung derselben Polung vergehen also zwei Fleckenzyklen oder auch etwa 22 Jahre. Man muß also wohl annehmen, daß erst zwei Fleckenzyklen einen vollständigen Sonnenzyklus ausmachen.

Die außerordentliche Regelmäßigkeit, mit der dieses Gesetz der Polaritäten befolgt wird, ersieht man am besten aus der Abb. 46,

in der für die Jahre 1922 bis 1926 jeweils die Polaritäten der bei
der Sonnenrotation nach Westen voranlaufenden Flecken eingetragen sind.

Nur ganz wenige Ausnahmen treten auf. Auf diese Weise bringt
das magnetische Verhalten der Sonnenflecken im wahrsten Sinn
des Wortes eine Botschaft aus dem Sonneninnern ans Licht, nämlich an die Oberfläche der Sonne, aus der wir auf riesige, unsicht-

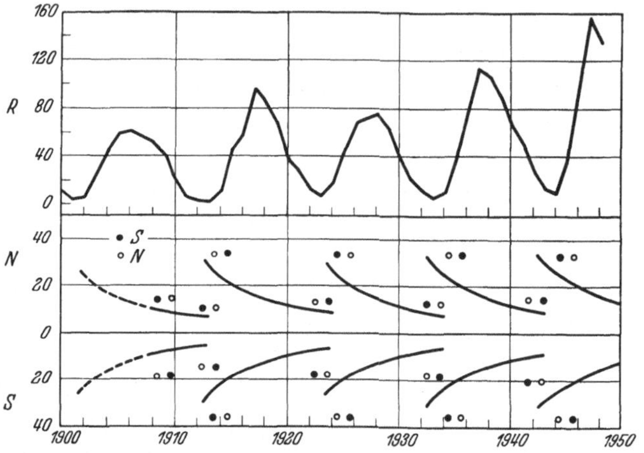

Abb. 45. Das Polaritäten-Gesetz der Sonnenflecken (unten) und Häufigkeit
der Sonnenflecken (oben)

bare Strömungsvorgänge im Sonneninnern schließen können, die
mit großer Regelmäßigkeit ablaufen.

Sonnenelektrizität. Bevor wir versuchen wollen, das Phänomen
eines Sonnenflecks physikalisch zu verstehen, müssen wir uns mit
den besonderen Eigenschaften der Elektrizität und des Magnetismus auf der Sonne vertraut machen. Diese verhalten sich völlig
anders als die wir sie aus dem Laboratorium kennen. Schlüsse aus
Laboratoriumserfahrungen auf die Sonne sind daher sehr gefähr-
lich und haben schon zu vielen Irrtümern Anlaß gegeben.

Es ist bekannt, daß man ein magnetisches Feld sowohl mit einem
permanenten Magneten, z. B. einem Hufeisen aus magnetisiertem
Stahl, als auch mit einer eisenlosen, stromdurchflossenen Spule aus
Kupferdraht erzeugen kann. Bei dem Hufeisenmagneten wird der
Magnetismus durch die in den einzelnen Eisenatomen kreisenden

82

Elektronen erzeugt. Man nennt diese Art von Magnetismus auch Ferromagnetismus. Er kommt nach außen dadurch zur Wirkung, daß die einzelnen Atome wohlgeordnet, kristallartig im Stahl zusammengefügt sind. Beim Elektromagneten kreisen die Elektronen nicht um die einzelnen Atomkerne, vielmehr werden sie durch den Draht einer Spule getrieben und dadurch auf eine geordnete Bahn gezwungen. Im Grunde hat das hier entstehende Magnetfeld also die gleiche Ursache wie beim Hufeisenmagneten.

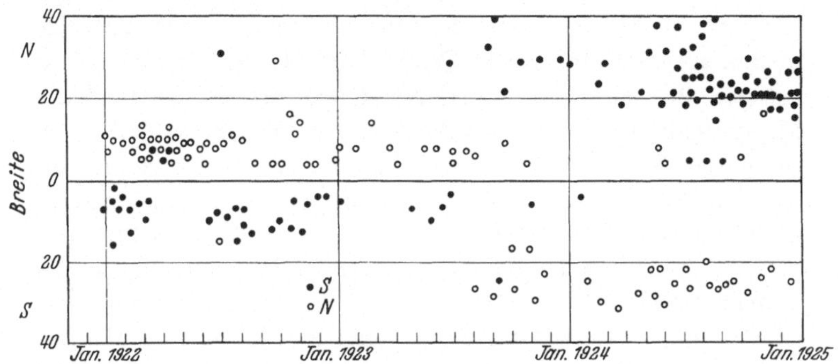

Abb. 46. Das Umschlagen der Polaritäten des westlichen Flecks der Gruppen 1923/24 in den beiden Hemisphären der Sonne (○ N ● S)

Auf der gasförmigen, glühend heißen Sonne kann es natürlich keinen Ferromagnetismus geben, denn die Atome sind nicht fest wie in einem Stahlmagneten angeordnet. Die in den Sonnenflecken beobachteten Magnetfelder können also nur durch großräumige elektrische Ströme erzeugt sein. Ströme also, die durch die mehr oder weniger geordnete Strombewegung vieler freier Elektronen und positiver Ionen zustande kommen.

Die elektrischen Ströme auf der Sonne haben eine werkwürdige und beneidenswerte Eigenschaft. Haben sie nämlich einmal begonnen zu fließen, so fließen sie immer weiter. Um das zu verstehen, wollen wir einen Versuch machen. Wir lassen durch eine kleine Spule Strom fließen und schalten die Stromquelle plötzlich aus. Dann wird das erzeugte Magnetfeld nicht sofort verschwinden, sondern es wird je nach der Größe und dem elektrischen Widerstand der Spule noch eine kurze Zeit weiterbestehen. Man muß hieraus folgern, daß auch der Strom für kurze Zeit weiterfließt.

Diese Zeitdauer ist um so größer, je größer der Querschnitt und je kleiner der elektrische Widerstand der Spule, je dicker also die Kupferdrähte sind. Für eine Spule von 10 cm Durchmesser hinkt das Feld nur um ein Tausendstel Sekunden nach. Auf der Sonne jedoch, etwa in einem Sonnenfleck, haben wir es mit einem Stromsystem oder einer „Spule" von etwa 10 000 km Durchmesser zu tun. Diese Spule hat daher die 10^{16}-fache Fläche unserer kleinen Laboratoriumsspule. Eine etwas genauere Rechnung zeigt, daß das Magnetfeld in dieser Sonnenspule erst nach einigen 100 Jahren abklingen kann, nachdem der stromerzeugende Mechanismus ausgeschaltet wurde. Dieses Weiterfließen eines einmal erzeugten Stromes und das Fortbestehen des so entstandenen Magnetfeldes ist also hauptsächlich eine Folge der großen Dimensionen des Sonnenflecks, zum Teil aber auch eine Folge der verhältnismäßig guten elektrischen Leitfähigkeit der Sonnenmaterie, die fast an die unserer Metalle herankommt. Da die elektrischen Ströme, die diese langlebigen Magnetfelder erzeugen, in der Sonnenmaterie fließen müssen und die den Strom ausmachenden Elektronen ein Bestandteil dieser Materie sind, so sind Magnetfeld und Materie engstens miteinander verhaftet. Man sagt auch, das Magnetfeld ist in die Materie „eingefroren". Bewegt sich die Materie, so nimmt sie ihr elektrisches Stromsystem und also das zugehörige Magnetfeld mit, fast so wie ein Hufeisenmagnet seine Magnetisierung mitnimmt.

Sonnenflecken sind magnetische Kühlmaschinen. Wie kommt es zur Abkühlung in der Umbra eines Sonnenflecks ? Wie entsteht das in der Umbra beobachtete starke Magnetfeld? So lange Sonnenflecken beobachtet werden, hat man sich mit der Beantwortung dieser Frage abgequält. Um es gleich vorwegzunehmen: Man quält sich auch heute noch. Es gibt viele Theorien für Sonnenflecken. Die Anspruchsvollen versuchen, das Phänomen möglichst in allen seinen Einzelheiten zu erklären. Sie wollen zugleich die Abkühlung im Fleck, den Ursprung des Magnetfeldes und die Breitenwanderung der Fleckenzonen verstehen. Um diese Vollständigkeit zu erreichen, muß notgedrungen eine große Zahl von unnachweisbaren Annahmen hineingesteckt werden. Die Erfahrung hat jedoch deutlich gezeigt, nicht nur in der Sonnenforschung, daß solche Theorien keinen großen Bestand haben.

Meist brechen sie zusammen, wenn nur eine einzige neue Beobachtung hinzukommt. Sehr viel beständiger sind solche Theorien, die sich auf bestimmte Aspekte des komplizierten Phänomens konzentrieren, etwa nur auf die Abkühlung oder nur auf den Ursprung des Magnetfeldes, und die bemüht sind, diese Ausschnitte möglichst hypothesenfrei physikalisch zu durchdringen. Eines Tages werden sich diese Ausschnitte schon zu einem widerspruchsfreien Ganzen zusammenfinden.

Ein Fleck ist dunkler als seine Umgebung. Ist nun die fleckenlose Sonnenoberfläche zu hell, oder ist die Umbra des Flecks zu dunkel? So seltsam es klingen mag, es scheint, als ob der Fleck und nicht die ungestörte Photosphäre die normale Helligkeit besitzt. Während nämlich in der normalen Photosphäre Temperatur und Helligkeit wesentlich durch die sogenannte Wasserstoff-Konvektion (die Granulation ist eine ihrer sichtbaren Folgen) gehoben wird, wird die Wasserstoffkonvektion im Kern der Flecken durch das Magnetfeld abgebremst. Diese Bremsung ist etwa von der gleichen Art, wie die Abbremsung einer im Magnetfeld rotierenden Kupferscheibe. Mit der Abbremsung der Konvektion bleibt aber im Fleck die zusätzliche Erwärmung aus. Die tiefe Temperatur eines Flecks wird also durch sein Magnetfeld verursacht. Das steht im Einklang mit der Beobachtung, daß gelegentlich Magnetfelder vor dem Sichtbarwerden eines Flecks auftreten.

Die Magnetfelder sind älter als die Flecken. Wir hatten ferner gesehen, daß ein Magnetfeld von der Dimension eines Sonnenflecks eine Lebensdauer von über 100 Jahren haben muß. Dennoch gibt es viele Flecken, die nur für Stunden oder wenige Tage auftauchen. Der Schluß ist unvermeidlich, daß die Magnetfelder der Sonnenflecken schon längst vor ihrem Sichtbarwerden und lange nach ihrem Verschwinden in großen Tiefen vorhanden sein müssen. Die Sichtbarkeitsperiode der Sonnenflecken kann also nur eine kurze Episode in ihrer Lebensgeschichte sein. Sonnenflecken sind also nur die gelegentlich sichtbar werdenden Begleiterscheinungen von Vorgängen im Sonneninnern.

Ursprung der Magnetfelder. Verfolgt man mit aller Sorgfalt das Magnetfeld eines sich entwickelnden und wieder verschwindenden Sonnenflecks, so zeigt sich, daß es im Zentrum des Flecks nicht etwa der Fleckengröße folgt, vielmehr steigt es kurz nach dem

Sichtbarwerden des Flecks rasch an, bleibt dann einige Zeit konstant und sinkt ebenso rasch kurz vor Verschwinden des Flecks wieder ab. Auch dieses Ergebnis deutet darauf hin, daß das Magnetfeld nicht erst mit dem Fleck entsteht, sondern daß es schon vorhanden ist und nur sozusagen durch das Aufziehen eines Vorhanges sichtbar wird.

Der Entstehung des Magnetfeldes im glühenden Sonneninnern hat man auf sehr verschiedene Weise auf die Spur zu kommen versucht: die einen vermuten, daß das Magnetfeld in der Nähe des Flecks selbständig entsteht. Die anderen neigen mehr zu der Vorstellung, daß das Fleckenfeld das Nebenprodukt oder eine lokale Verstärkung eines allgemeinen, über die ganze Sonne verteilten Magnetfeldes ist. Doch ist bis heute nicht entschieden, ob es wirklich so ein allgemeines Feld gibt oder nur sporadisch auftretende und wieder verschwindende Feldgebiete. (Vgl. S. 120). Die Deutung der Fleckenfelder als lokale Verstärkung eines allgemeinen Feldes ist jedoch sehr viel einfacher als jene, die das Fleckenfeld aus dem „Nichts" zu erzeugen sucht. Da jedes Magnetfeld an Materie gebunden ist und diese beträchtlichen Strömungsbewegungen und Dichteänderungen unterworfen ist, kann man sich auch vorstellen, daß Magnetfelder umgerichtet, „verdünnt" oder „verdichtet", also auch verstärkt werden können. Stellen Sie sich vor, die Sonne hätte ein Magnetfeld wie unsere Erde. Die Magnetnadel würde also überall zum Nordpol zeigen. Die Sonne dreht sich aber — ganz anders als die Erde — nicht wie ein starrer Körper. Der Äquator rotiert sehr viel rascher als die polaren Gebiete. Ein vom Äquator zum Pol, entlang einem Meridian, gelegtes Seil würde sich somit strecken und sich langsam in einem Kreis parallel zum Äquator um die Sonne legen. Genau die gleiche Verzerrung müßte aber auch mit den Kraftlinien eines Magnetfeldes stattfinden, das ja fest mit der Materie verbunden ist. Nach einigen Umdrehungen der Sonne würde daher eine Magnetnadel nicht mehr zum Pol zeigen, sondern sich parallel zum Äquator ausrichten. Man kann auch zeigen, daß lokale Schwankungen der Sonnenrotation, wie sie kürzlich zum ersten Male in begrenzten, äquatornahen Gebieten spektroskopisch nachgewiesen wurden, nicht nur die Form des Feldes empfindlich beeinflussen, sondern auch lokale Verstärkungen desselben hervorrufen können. Man muß sich das

86

Magnetfeld wie ein farbiges Gas vorstellen, das innere Strömungen zeigt. Gelegentlich wird es vorkommen, daß infolge der Strömung eine Verdichtung des Gases und damit auch Verstärkung der Farbe eintritt.

Die Vermutung liegt nahe, in diesen Rotationsstörungen die eigentlichen Ursachen der Fleckenmagnetfelder und damit auch der Fleckenabkühlung zu sehen. Es müssen jedoch noch viele und schwierige Beobachtungen zusammengetragen werden, um diese allgemeine Vorstellung im einzelnen zu belegen. So ist es vorerst noch durchaus nicht klar, in welcher Sonnentiefe die Verdichtung des allgemeinen Magnetfeldes stattfindet und wie dieses so entstehende Feld in Form eines Fleckes an die Oberfläche der Sonne gelangt. Wahrscheinlich spielen hierbei Wirbel eine große Rolle, die in jedem ungleichförmig bewegten Medium mit innerer Reibung entstehen können. Da es sich jedoch um unsichtbare Wirbel unterhalb der Sonnenoberfläche handelt, ist hier noch viel Platz zum Spekulieren. Die in manchen Spektroheliogrammen über Sonnenflecken sichtbaren Wirbel (vgl. Abb. 57) haben jedenfalls so gut wie nichts mit diesen tiefer liegenden Strömungsvorgängen zu tun. Sie sind vielmehr analog zu unserer Erdatmosphäre mechanischen Ursprungs.

Sowohl die schwachen Spuren eines allgemeinen, wahrscheinlich veränderlichen Magnetfeldes der Sonne (vgl. S. 120), als auch die Abweichungen von dem gewöhnlichen Rotationsgesetz sind so gering, daß ihr Nachweis nahezu an der Grenze des Möglichen liegt. Und auch die theoretische Seite des Problems, nämlich das Studium der Vorgänge in einem elektrisch leitenden Gas im Magnetfeld, macht noch beträchtliche Schwierigkeiten und kann vorerst nur von ganz wenigen Auserwählten gehandhabt werden. Man nennt dieses Forschungsgebiet, das sich in der Astrophysik in kürzester Zeit eine große Bedeutung errungen hat, kosmische Elektrodynamik.

Ganz allgemein können wir jedoch mit gutem Recht hoffen, daß wir mit der Deutung der Sonnenflecken auf dem richtigen Wege sind. Denn in irgend einer Form muß die Maschinerie der Sonnenflecken aus der Sonnenrotation gespeist werden. Man könnte sogar vermuten, daß die ungleichförmige Rotation der Sonne als solche, also das Zurückbleiben der polaren Gebiete gegenüber den äquatorialen, eine Folge dieser ununterbrochenen Umsetzung von Rotationsenergie in solche der Flecken und deren Folgeerscheinungen ist.

Optische Schnitte durch die Sonnenatmosphäre. Bevor wir zu den anderen veränderlichen Erscheinungen auf der Sonne kommen, wollen wir uns kurz über die Instrumente orientieren, mit denen man die verschiedenen Schichten der Sonnenatmosphäre und damit auch die in diesen Schichten auftretenden Veränderungen sichtbar machen kann.

In einem normalen Fernrohr, in dem Sonnenlicht aller Farben zugleich zur Wirkung kommt, ist nur die Photosphäre mit ihrer Granulation und den Sonnenflecken sichtbar. Das ist das tiefste überhaupt mit optischen Mitteln erreichbare Niveau der Sonnenatmosphäre. Will man höhere Schichten sichtbar machen, so muß man sich eines Tricks bedienen, auf den der Amerikaner Hale und der Franzose Deslandres um 1890 fast gleichzeitig kamen. Sie überlegten sich nämlich: Das aus der Photosphäre austretende kontinuierliche Licht wird in den darüber liegenden Schichten nur noch innerhalb der Fraunhofer Linien geschwächt, während es in den Wellenlängenbereichen zwischen den Linien unbehindert entweichen kann. Würde man nun ein Filter konstruieren, das nur Sonnenlicht von der Wellenlänge einer Fraunhofer Linie hindurchläßt, so würde man also nicht mehr bis in die Photosphäre hinunter sehen können. Je nachdem wie stark die Linie das Licht der Photosphäre schwächt, d. h. wie dunkel sie ist, wird der Blick in verschieden hohen Niveaus der Sonnenatmosphäre haften bleiben. Durch Wahl der entsprechenden Linien könnte man also mit so einem Filter Schnitte durch die verschiedenen Niveaus der Sonnenatmosphäre legen.

Der Spektroheliograph. Das Gerät, mit dem man diese Zauberei vollführen kann, heißt Spektroheliograph. Im wesentlichen ist es ein Spektrograph (vgl. Abb. 47), auf dessen Eintrittsspalt S_1 durch die Linse L das Bild der Sonne entworfen wird. Die Zerlegung des Sonnenlichtes nach Wellenlängen erfolgt jedoch nicht durch ein Prisma, sondern durch ein Beugungsgitter (vgl. S. 50). Am Ausgang des Spektrographen befindet sich ein zweiter Spalt S_2, der aus dem dort entworfenen Sonnenspektrum die gewünschte dunkle Linie herausschneidet. Unmittelbar hinter dem Spalt sitzt eine photographische Platte O. Fährt man nun den ganzen Spektrographen mitsamt seinen beiden Spalten über das feststehende kleine Sonnenbild hinweg, hält die photographische Platte aber fest, so wandert der Eintrittsspalt über die Sonnenscheibe, der Austrittsspalt über die photographische Platte. Dabei schreibt das aus dem Austrittsspalt kommende Licht Zeile für Zeile das Bild der Sonne auf die Platte, und zwar genau im Licht der Linie oder der Wellenlänge, auf die der Spektrograph eingestellt ist. Die ganze Prozedur der Belichtung nimmt meist einige Minuten in Anspruch.

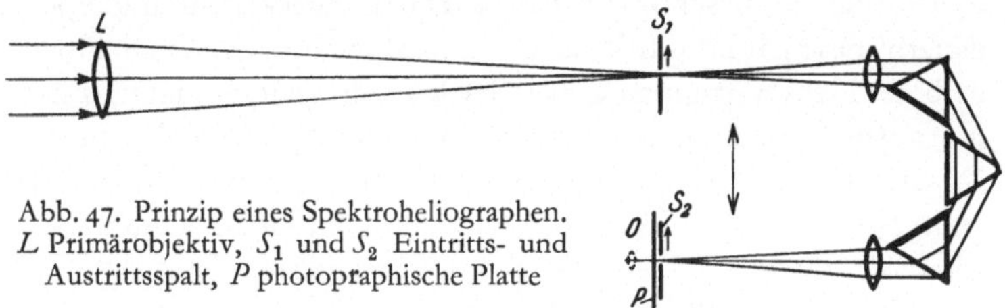

Abb. 47. Prinzip eines Spektroheliographen. L Primärobjektiv, S_1 und S_2 Eintritts- und Austrittsspalt, P photographische Platte

Soll das Niveaubild oder Spektroheliogramm der Sonnenatmosphäre nicht photographiert werden, so tritt an Stelle der photographischen Platte eine Lupe vor den Eintrittsspalt und hinter den Austrittsspalt des Spektrographen werden gleichschnell rotierende Vierkantprismen aus Glas gesetzt, welche die durch den Spektrographen durchgelassenen Lichtzeilen so rasch hin und her bewegt (etwa 50mal in der Sekunde), daß das Auge ein flimmerfreies Gesamtbild der Sonne zu sehen bekommt. Dieses Gerät heißt Spektrohelioskop.

Richtet man einen solchen Spektroheliographen auf die Sonne, so wird man also um so höhere Schichten der Sonnenatmosphäre erfassen, je kräftiger die gewählte Absoptionslinie ist oder je mehr man in die Mitte der Linie hineingeht, denn dort wird das Licht immer am stärksten geschwächt.

Sonnenfackeln. Die Abb. 48 zeigt 5 Spektroheliogramme im Lichte der sehr kräftigen und breiten ultravioletten Linie des ionisierten Kalzium, die man mit dem Auge gerade noch sehen kann. Alle Bilder sind innerhalb der gleichen Linie aufgenommen, das oberste genau in der Mitte der Linie, die Bilder darunter in Wellenlängenbereichen, die immer mehr in den Flügel der Linie, also in hellere Gebiete innerhalb der Linie hinausrücken. Das oberste Bild entspricht also dem höchsten, das unterste Bild dem tiefsten Niveau in der Sonnenatmosphäre. Die Unterschiede der Bilder sind auffällig: Während das untere deutlich die Flecken zeigt, sind im oberen die Flecken durch leuchtende Wolken verdeckt. Da die Bilder im Lichte des Kalzium aufgenommen sind, so müssen es also selbstleuchtende Kalziumwolken sein, deren Temperatur größer sein muß als die der Photosphäre. Man nennt diese Gebilde Fackeln. Sie treten stets über und in der Umgebung von Sonnenflecken auf und sind deren unzertrennliche Begleiter. Meist leuchten sie schon vor Erscheinen der Flecken auf und überdauern diese häufig um Wochen oder Monate. Doch auch außerhalb der Fleckengruppen gibt es Fackeln, die jedoch nicht so hell und ausgedehnt sind. Benutzt man andere Linien, trifft also andere Niveaus der Sonnenatmosphäre, so zeigen die Fackeln dort eine andere Form. So sind die aus einer mittleren Höhe stammenden roten Wasserstoffspektroheliogramme von ganz anderer Art. Die Fackeln sind zerzaust und weniger hell. Die auftretenden großen Unterschiede in den verschiedenen Schichten werden deutlich aus den vier in verschiedenen Linien bzw. Linienteilen aufgenommenen Bildern der Abb. 49 der ganzen Sonnenscheibe. Während die Aufnahme im weißen Licht (a) überhaupt keine Fackeln zeigt, wird die Aufnahme (d) des höchsten Sonnenniveaus (im Zentrum der Kalziumlinie) ganz von den Fackelfeldern beherrscht.

Doch auch im weißen Licht können die Fackeln sichtbar werden, allerdings nur in der Nähe des Sonnenrandes. Denn nur dort ist das Photosphärenlicht infolge der schrägen Aufsicht auf die Sonnenkugel so geschwächt, daß es das (ungeschwächte) Licht der höheren Fackeln nicht mehr überstrahlt. Obgleich diese weißen Fackeln nur am Sonnenrand zu sehen sind, sind sie dennoch von nahezu gleicher Beschaffenheit und Form wie die im Spektrohelioskop auf der ganzen Sonnenscheibe erscheinenden chromosphärischen Fackeln.

Fackeln sind Warnungslichter. Alle auf der Sonne beobachtbaren Fackeln zeigen, ähnlich wie die Photosphäre, eine Feinstruktur. Während diejenige der chromosphärischen Fackeln schwer zu beobachten (vgl. Abb. 52) ist, zeigt sie sich bei den randnahen photosphärischen Fackeln sehr häufig in Form leuchtender Perlschnüre (vgl. Abb. 51). Die Helligkeit der einzelnen Perlen ändert

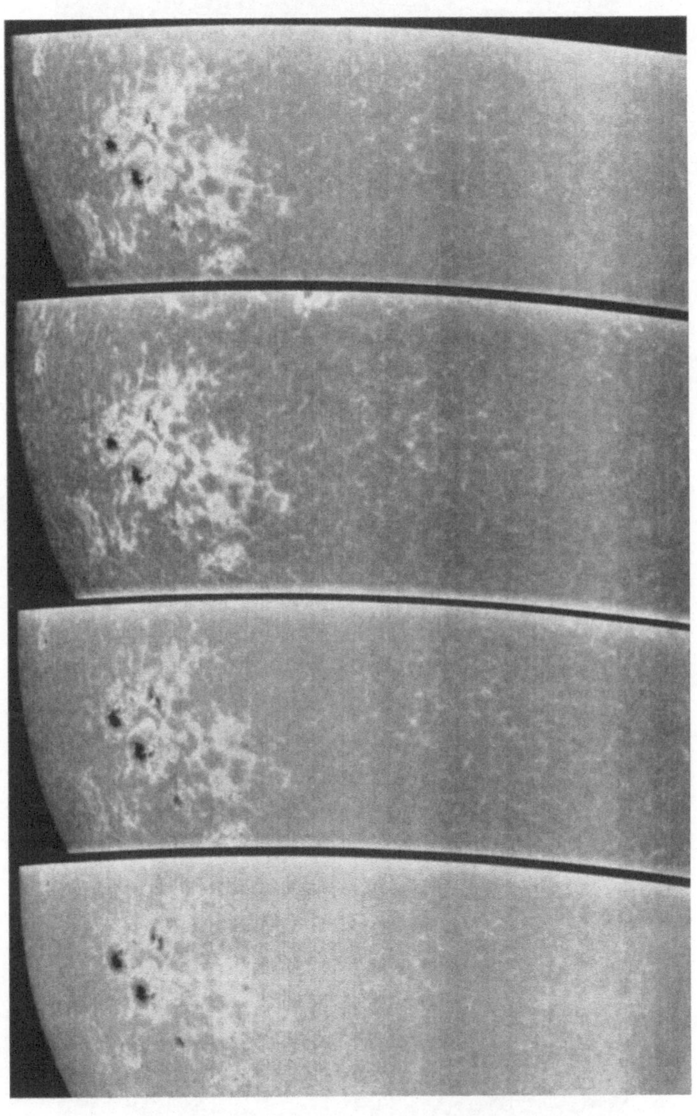

Abb. 48. Vier Kalzium-Spektroheliogramme. Oben höchstes, unten tiefstes Niveau

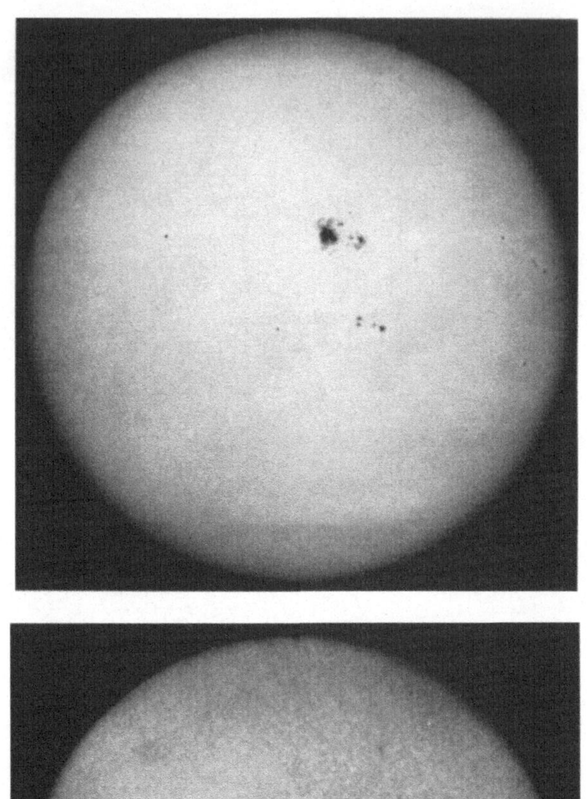

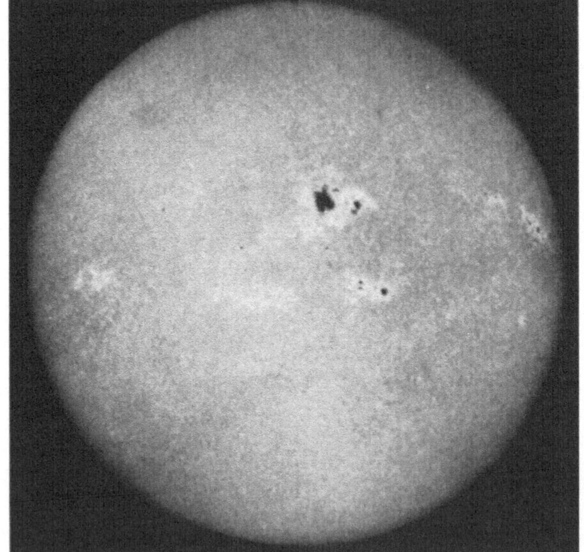

Abb. 49. Die Niveaus der Sonnenatmosphäre. a Photosphäre (weißes Licht),
b obere Photosphäre (Kalzium K_2)

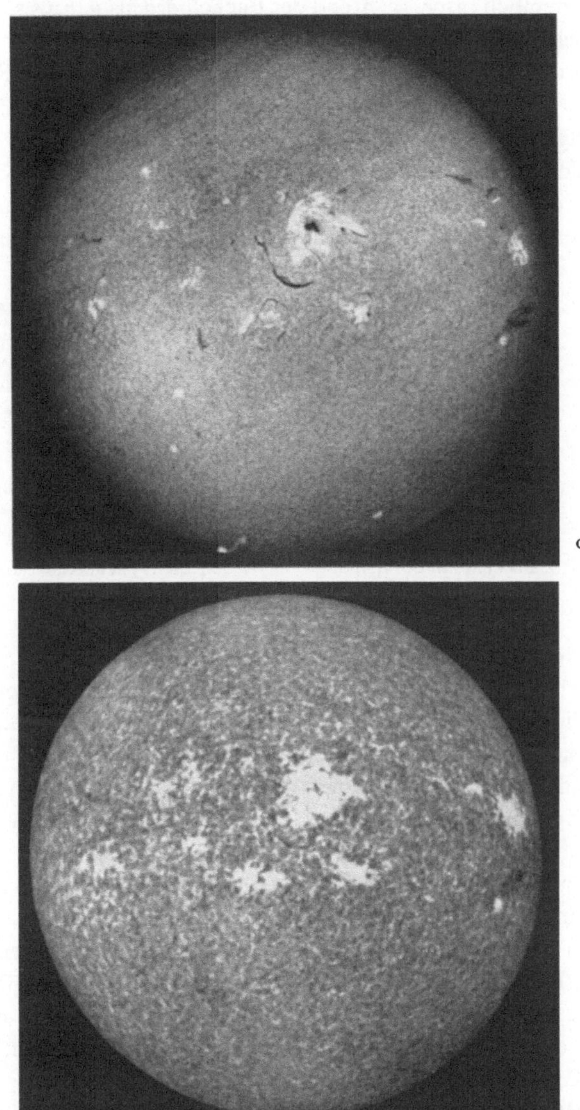

c untere Chromosphäre (Wasserstoff Hα), d mittlere Chromosphäre (Kalzium K$_3$) (Aufnahmen Meudon und Fraunhofer Institut, Freiburg)

sich ziemlich rasch, während der Fackelherd als ganzes seine Form beibehält. Trotz ihres wolkenartigen und scheinbar ungeordneten Charakters müssen wir die Fackeln als sehr ernsthafte Repräsentanten von Vorgängen im Sonneninnern nehmen. Ihre Form und Helligkeit spiegelt nicht nur genau die Entwicklung der unter ihr liegenden Fleckengruppe wieder, sondern sie gibt uns auch Kunde von den Vorgängen, die zur Entstehung eines Sonnenflecks führen. Die Fackeln sind die ersten Warnungslichter dafür, daß

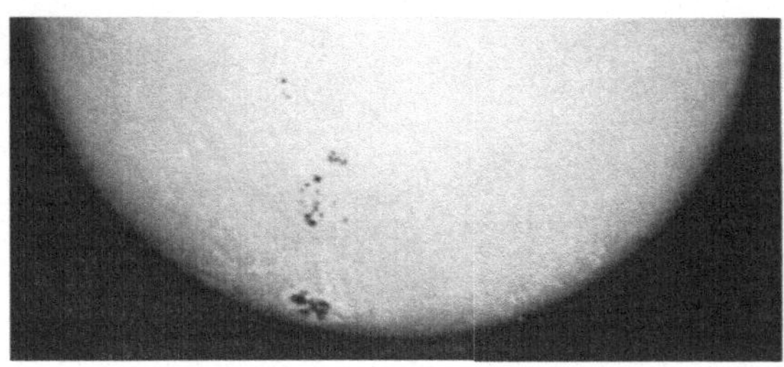

Abb. 50. Fackeln am Sonnenrande im weißen Licht (siehe TEN BRUGGENCATE Zeitschr. Astrophysik 19, S. 63, Abb. 2)

sich in oder unter der Photosphäre eine Störung vorbereitet. In mancher Hinsicht sind daher die Fackeln ein zuverlässigeres Maß für die Aktivität der Sonne als die Sonnenflecken. Die Botschaften, die die Fackeln uns aus dem Sonneninnern vermitteln, sind wahrscheinlich von magnetischer Art. Einige Beobachtungen sprechen für eine solche Vermutung. Ist sie richtig, so muß man sich vorstellen, daß die Fackelwolken durch die auftauchenden veränderlichen Magnetfelder geheizt werden, und hierdurch zum Leuchten kommen. Dieser Vorgang läßt sich im Laboratorium nachahmen, wenn auch die Dimensionen und Bedingungen sehr verschieden sind. Bringt man nämlich eine mit verdünntem Gas gefüllte Glasröhre in ein rasch wechselndes Magnetfeld, wie es z. B. von einer mit hochfrequentem Strom durchflossenen Spule ausgeht, so wird das Gas zum Leuchten angeregt.

Blitze in der Chromosphäre. Wir sahen, daß ein Sonnenfleck in seiner näheren Umgebung der Sitz starker elektrischer Ströme sein muß, denn wo Magnetfelder sind, müssen auch Ströme fließen. Es sollte daher nicht wundernehmen, wenn es da gelegentlich zu

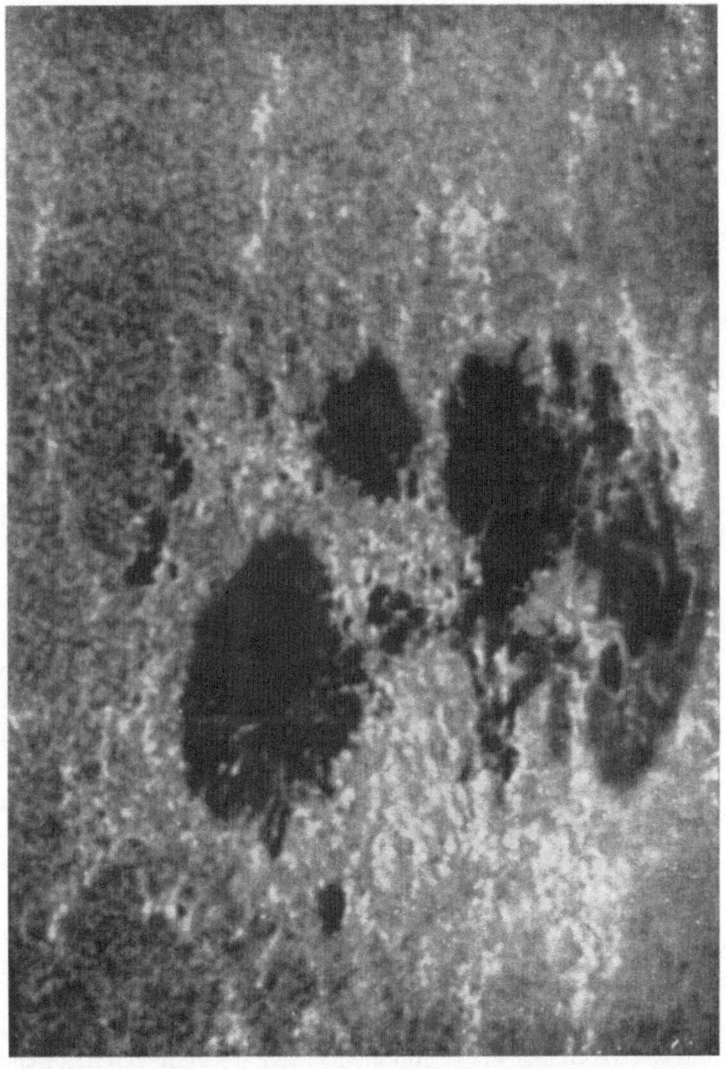

Abb. 51. Fackelherd im weißen Licht nahe dem Sonnenrande (Aufnahme TEN BRUGGENCATE)

gewitterartigen Erscheinungen kommt. Tatsächlich gibt es so etwas wie Blitze auf der Sonne! Die kosmischen Blitze sind viel größer als die auf der Erde. Wie zu erwarten, treten sie nur in der Umgebung der Sonnenflecken auf. Man nennt sie chromosphärische Eruptionen, ohne damit sagen zu wollen, daß es sich um Materieausbrüche handelt. Gemeint ist nur ein Lichtausbruch. In der Abb. 52 sieht man einen solchen Blitz, der in Form einer hell leuchtenden Fläche eine Fleckengruppe überspannt. Wie rasch sich diese Leuchterscheinung ausbildet und vergrößert, sieht man am besten aus den 4 nacheinander gemachten Aufnahmen des Phänomens der Abb. 53. Während normale Eruptionen nur mit dem Spektrohelioskop, also im Lichte einer geeigneten Spektrallinie beobachtet werden können (sonst würde das helle Sonnenlicht sie überstrahlen), können sehr große Eruptionen gelegentlich auch für wenige Minuten ohne weitere Hilfsmittel im weißen Sonnenlicht gesehen werden.

Eruptionen sind keine seltene Erscheinung. In einer großen Fleckengruppe treten an jedem Tag eine größere und mehrere kleine auf. Die Zahl der ganz kleinen Eruptionen, die oft nur etwa eine Minute aufleuchten, geht manchmal sogar in die Hunderte pro Tag. Die Bedeutung der Eruptionen reicht weit über das Gebiet der Sonnenforschung hinaus. Sie üben nicht nur interessante Einflüsse auf die Sonnenatmosphäre aus. Sie wirken bis zur Erde. Sie senden eine starke, unsichtbare ultraviolette sowie auch Röntgenstrahlung aus, die auf dem Weg über die Inosphäre der Erde unseren Funkverkehr auf große Entfernungen lahmlegt (vgl. S. 144). Sie führen zur Aussendung von Atomstrahlen in den Weltraum; treffen diese die Erde, das kommt verhältnismäßig häufig vor, so stören sie ihr Magnetfeld und erzeugen die Polarlichter. Schließlich sind die Eruptionen auch noch kräftige Sender von Radiowellen und der sogenannten kosmischen Strahlung. Das sind sehr energiereiche atomare Teilchen, die etwa die Geschwindigkeit des Lichtes erreichen. Der ganze Weltraum scheint von solchen schnellen Teilchen erfüllt zu sein (vgl. S. 101).

Obgleich wir so viel über Erscheinungsform, Ausstrahlungen und Auswirkungen der Eruptionen wissen, steckt die physikalische Deutung dieser wunderbaren Erscheinungen selbst noch in den Kinderschuhen. Allerdings besteht kaum ein Zweifel, daß eine Eruption ähnlich wie ein Blitz oder ein Funke eine Art Gasentladung sein muß, also der Ausgleich einer großen elektrischen

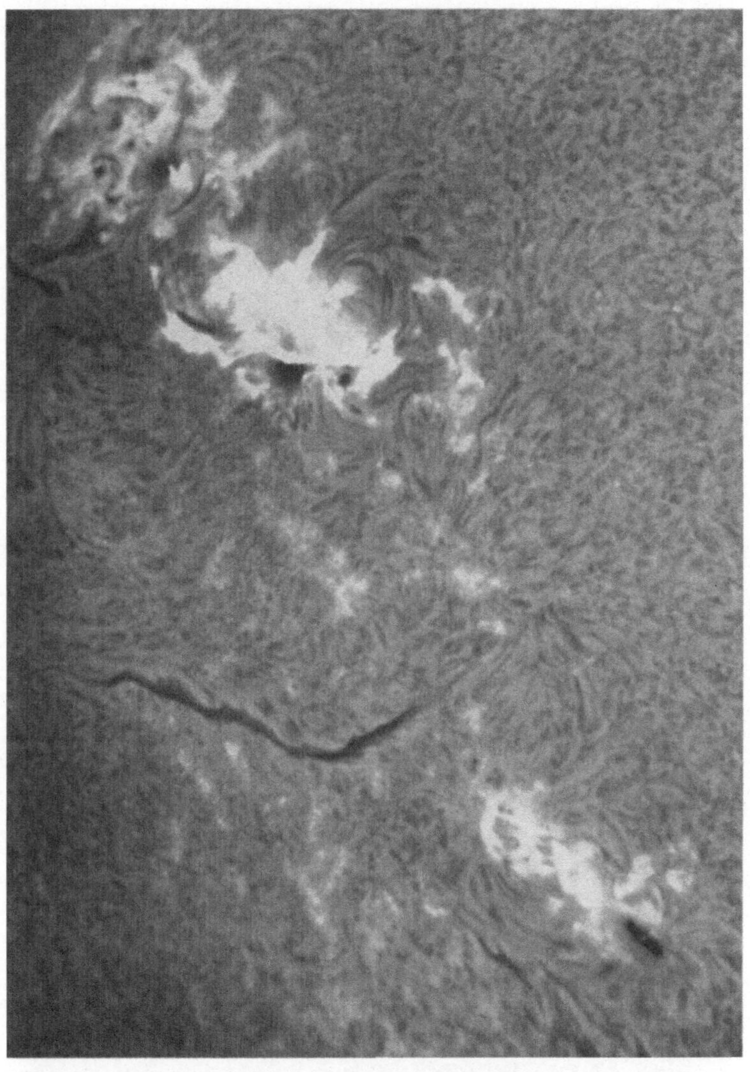

Abb. 52. Sonneneruption am 7. November 1956 (Lyot-Filter-Aufnahme Fraunhofer Institut, Station Capri)

Spannungsdifferenz. Bei dieser Entladung wird elektrische Energie in Licht und Wärme umgesetzt. Wollte man jedoch mit den im

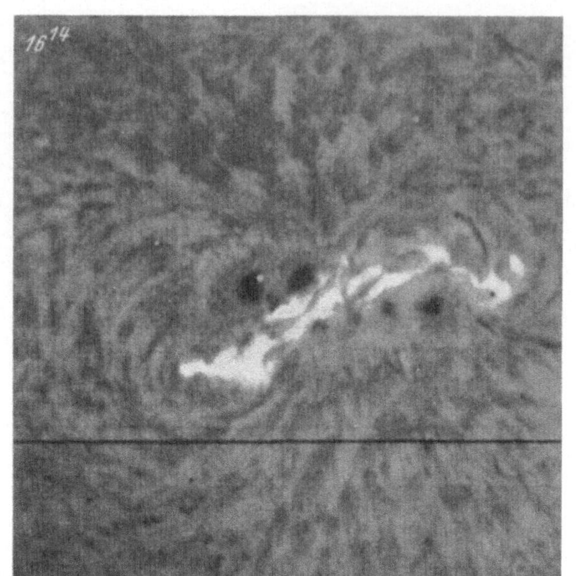

a

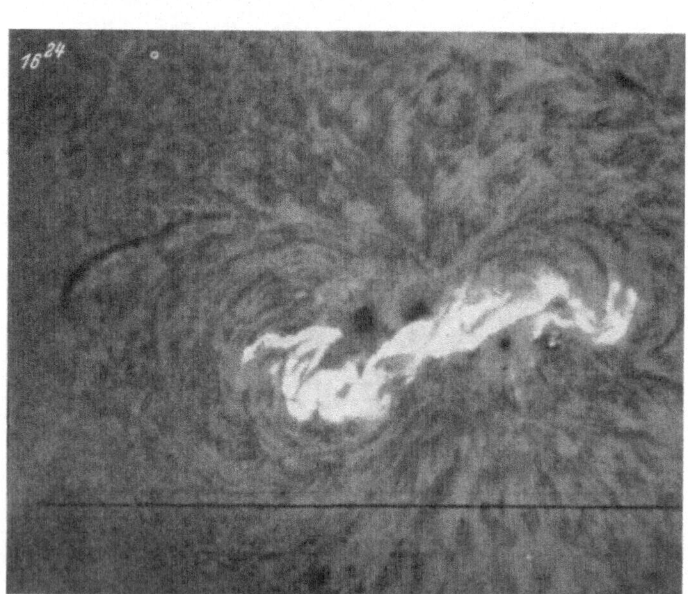

b

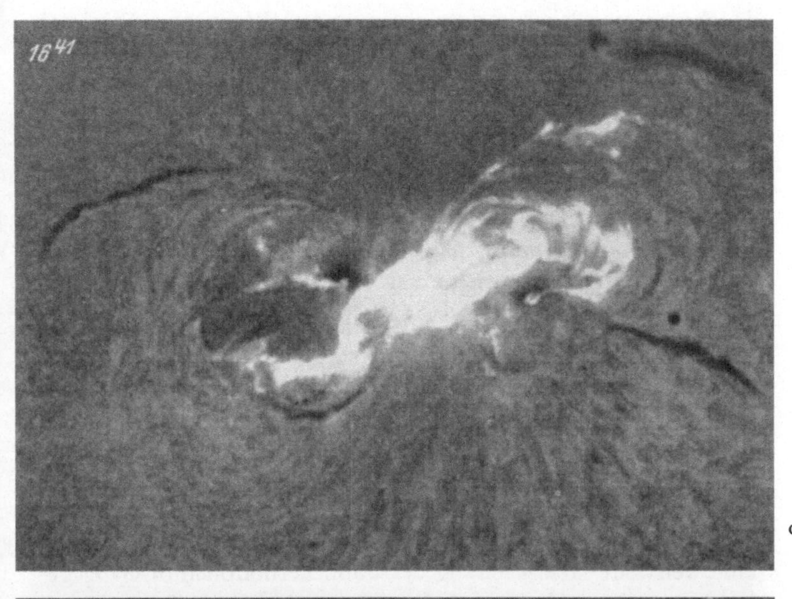

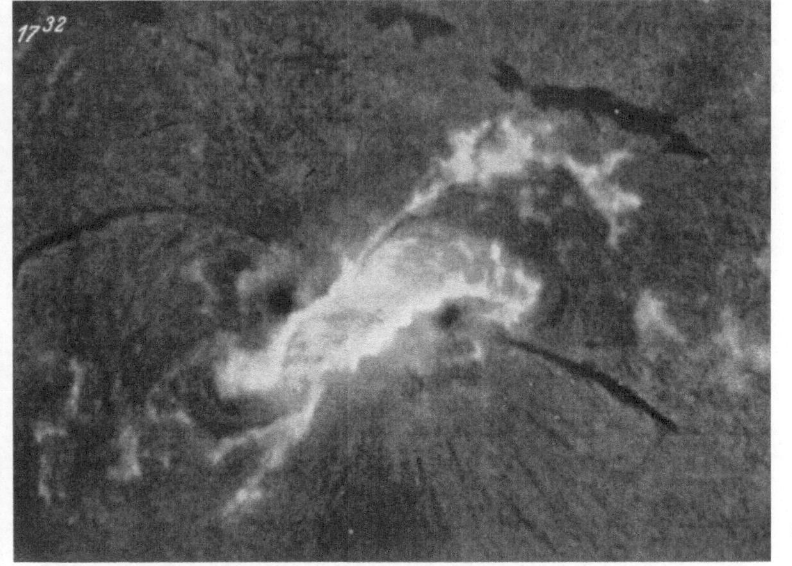

Abb. 53. Eruption am 25. April 1946. Aufnahmezeiten 16.14, 16.24, 16.41 (Maximum) und 17.32 Uhr (Meudon)

Hochspannungslabaratorium gesammelten Erfahrungen an diesen Vorgang herangehen, so würde man Schiffbruch erleiden. Die Bedingungen in der Sonnenatmosphäre lassen sich nicht einmal modellmäßig im Laboratorium nachmachen. Das auf der Sonne ablaufende verwickelte Zusammenspiel zwischen eingefrorenen Magnetfeldern, Materie- und Strahlungsströmungen muß daher in den Köpfen von Theoretikern entschlüsselt werden. Vorerst gibt es nur ganz wenige, die da mithalten können. Die meisten, die sich auf das gefährliche Glatteis der kosmischen Elektrodynamik gewagt haben, sind ausgeglitten. Man wird klarer sehen, wenn es erst möglich sein wird, auch die rasch veränderlichen Magnetfelder und Bewegungsvorgänge in der Umgebung von Sonnenflecken zu messen. Es werden große Anstrengungen in dieser Richtung gemacht.

Eruptionen haben praktische Bedeutung. Da die Eruptionen wie „ein Blitz aus heiterem Himmel" auftreten, und viele Interessenten haben, wissenschaftliche und sogar kommerzielle, hat man eine weltweite Überwachung der Sonneneruptionen in Gang gebracht, an der insbesondere Frankreich, England, Deutschland, Italien, Japan, Rußland und die USA beteiligt sind. Mehr und mehr setzen sich automatisch arbeitende Beobachtungsinstrumente durch, die in regelmäßigen Zeitabständen kinematographische Aufnahmen der Sonne machen. Die Ergebnisse dieser internationalen Sonnenüberwachung werden täglich in Form von sogenannten URSI-grammen (URSI = Union Radio Scientifique Internationale) in Frankreich, Deutschland, Holland, Japan und den USA gesendet. Da die Eruptionen immer in Verbindung mit Sonnenflecken auftreten, zeigen ihre Häufigkeit und ihre Auswirkung auf die Erde genau wie die Sonnenflecken eine deutliche 11jährige Welle.

Physikalisch sind die Eruptionen von besonderem Interesse, da in ihnen der Zustand der Materie in besonderer Weise von dem der ungestörten Sonne abweicht. Obgleich sich das Spektrum der Eruptionen nicht sehr auffällig von dem der Chromosphäre unterscheidet, deutet die Aussendung von Röntgenstrahlen (vgl. S. 144) und intensiven Radiowellen (vgl. S. 129) dennoch auf sehr besondere Verhältnisse hin. Neuerdings hat man auch mit Sicherheit erkannt, daß simultan mit großen Eruptionen (Klasse 3 und 3 +) fast immer kosmische Strahlenteilchen ausgeschleudert werden. Das sind Atomkerne (besonders Protonen) mit nahezu Lichtgeschwindigkeit, also sehr energiereiche Teilchen, die mit Geiger-Zählrohren oder ähnlichen Geräten gezählt werden, wenn sie die Erde erreichen. Aus einer Beobachtungszeit von etwa 12 Jahren kennt man heute 5 derartige plötzliche Intensitätsanstiege der solaren Komponente der kosmischen Strahlung, die sich der verhältnismäßig konstanten, aus dem ganzen Weltraum auf die Erde herunterregnenden Strahlung überlagerten. Insbesondere einige russische Forscher sind der Ansicht, daß auch das Leuchten der chromosphärischen Eruptionen selbst auf der Wirkung so schneller, sogenannter relativistischer Teilchen beruht.

Schließlich wäre noch zu erwähnen, daß gelegentlich auch auf anderen Sternen Eruptionen beobachtet werden, obgleich diese sich dort nur als plötzliches Anwachsen der Gesamthelligkeit bemerkbar machen. In einigen Fällen stieg die Helligkeit des Sternes in weniger als einer Minute auf ein Vielfaches seiner Normalhelligkeit an.

Protuberanzen. Form und Lebensdauer. Man könnte sie auch die Hochgebirge der Sonne nennen. Ihre Höhe kann mehrere 100000 km betragen, doch sind diese Gebirge, so imposant und mächtig sie auch im Fernrohr aussehen, nur aus Gas und zeigen gelegentlich — im wahrsten Sinne des Wortes — stürmische Veränderungen. Ihr Gehalt an Materie ist sehr gering, die Dichte der Protuberanzensubstanz wesentlich kleiner als z. B. diejenige einer irdischen Rauchfahne. Die Protuberanzen, wie sie leuchtend rot auf dunklem Grund am Sonnenrand stehen, sind das Schönste, was man auf der Sonne sehen kann. Und wer einmal das Glück hatte, den Aufstieg einer größeren Protuberanz im Fernrohr mitzuerleben, der wird verstehen, daß es Menschen gibt, die sich ganz der Erforschung dieser Erscheinung verschrieben haben.

Da die Protuberanzen genau wie die Flecken und Fackeln die Drehung der Sonne mitmachen und im allgemeinen ein langes Leben haben, kann man durch Vergleich von Beobachtungen an aufeinanderfolgenden Tagen sehr schön ihre räumliche Struktur studieren. Während sie am Sonnenrande als leuchtende Riesenpflanzen, Bäume oder Gebirge erscheinen, projizieren sie sich auf der Sonnenscheibe als dunkle, lichtschluckende, langgestreckte

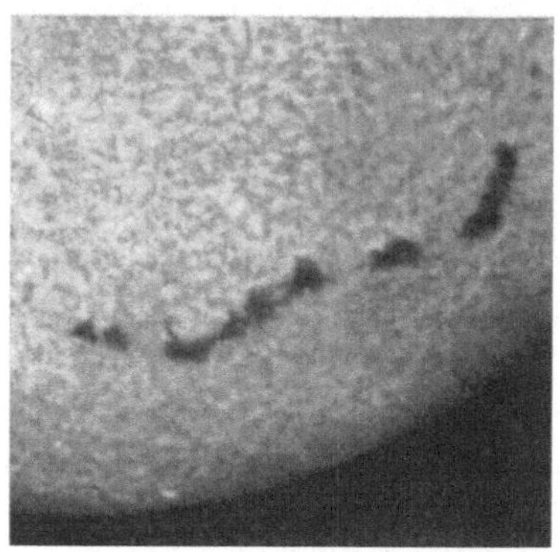

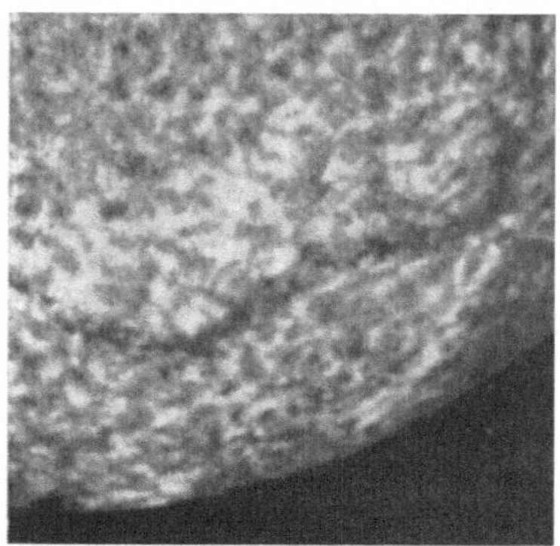

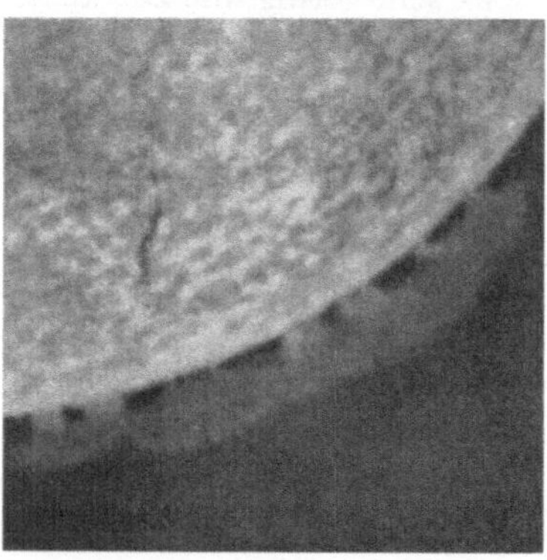

Abb. 54. Eine Protuberanz wandert (infolge Sonnenrotation) von der Scheibe zum Sonnenrande (Meudon)

Gebilde. Man nennt sie daher auch Filamente. Die Filamente sind daher Protuberanzen aus der Vogelperspektive. Da man früher die leuchtenden Gebilde am Sonnenrande mit anderen Instrumenten als jene auf der Sonnenscheibe beobachten mußte, dauerte es viele Jahre, bis man begriff, daß die schwarzen Filamente auf der Sonnenscheibe nur einen anderen Aspekt der Protuberanzen am Sonnenrand darstellen. Die Abb. 54 zeigt ein solches Filament, das durch die Rotation der Sonne an den Sonnenrand verbracht wird und dort auf einmal hell auf dunklem Grund erscheint. In Wirklichkeit haben die Protuberanzen immer die gleiche Helligkeit. Während sich am Sonnenrand ihr eigenes Leuchten gut gegen den dunklen Hintergrund abhebt, wirkt das Filament auf der Sonnenscheibe schwächend auf das Photosphärenlicht, etwa so, wie eine leuchtende Kerze im Lichtkegel eines Projektionsapparates sehr wohl einen Schatten werfen kann. Wie schon aus der Fadenform der Filamente folgt, haben die Protuberanzen eine sehr geringe Ausdehnung in der Querrichtung. Sie haben nahezu die

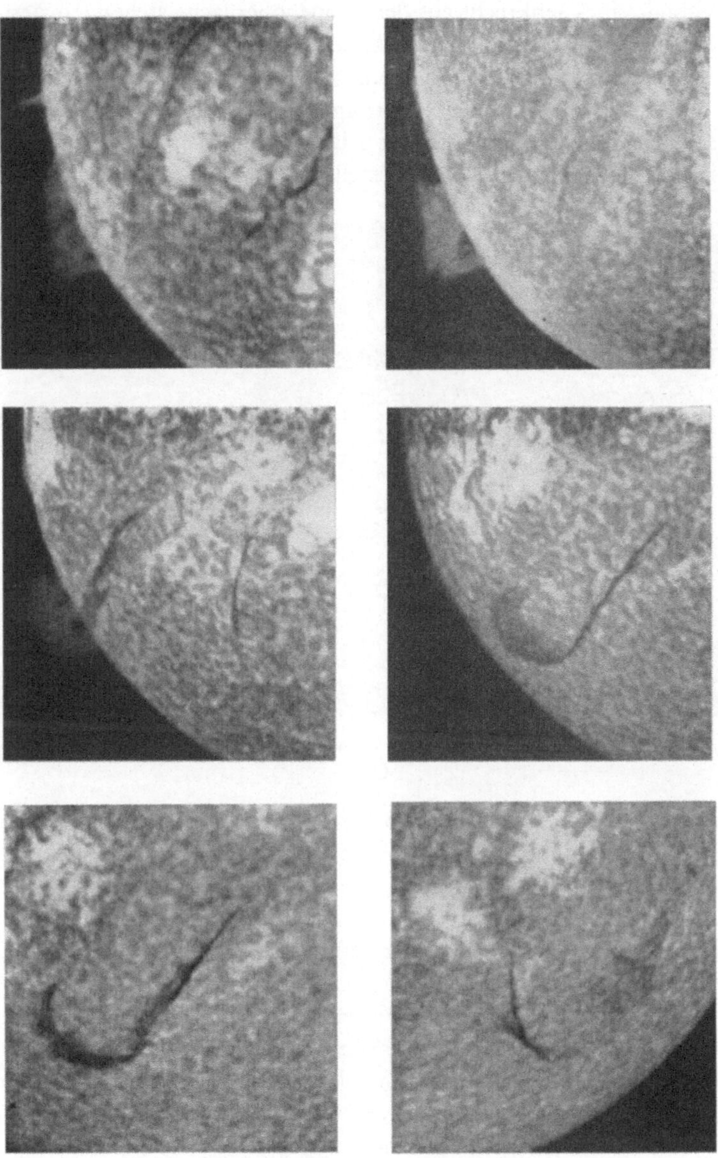

Abb. 55. Protuberanzen sind dünne Bänder. Die gleiche Protuberanz in 6 verschiedenen Rotations-Stellungen der Sonne (Meudon)

Gestalt eines senkrecht auf der Sonnenoberfläche stehenden riesigen, geschwungenen Blattes Papier. Alle am Sonnenrande sichtbaren Details müssen innerhalb dieses schmalen Bandes liegen. Wie ausgeprägt diese bandförmige Struktur der Protuberanzen sein kann, ersieht man aus der Abb. 55, die das gleiche Filament in 4 verschiedenen Rotationsstellungen der Sonne wiedergibt.

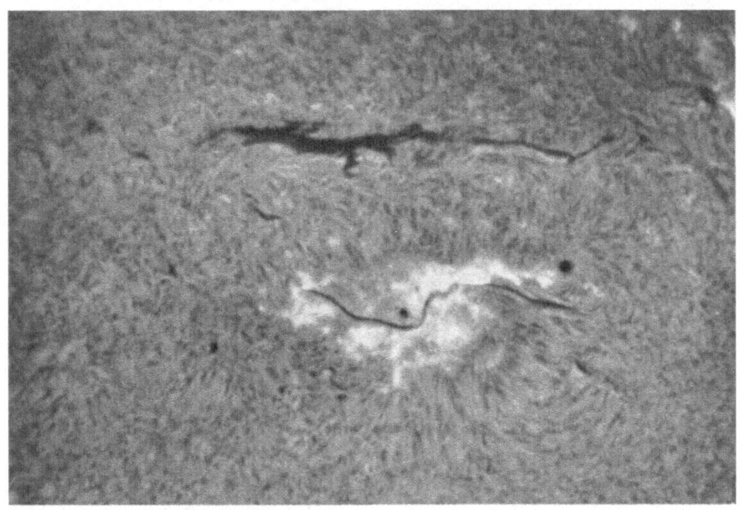

Abb. 56. Junges Filament innerhalb einer Fleckengruppe (Fraunhofer Institut Capri)

Die charakteristischen Dimensionen einer normalen Protuberanz sind etwa: Höhe 30000 bis 100000 km, Länge einige 100000 km, Dicke „nur" etwa 5000 km.

Geburt und Metamorphose der Filamente. Ähnlich wie Sonnenflecken und Fackeln haben auch die Protuberanzen eine sehr bewegte Lebensgeschichte, von ihrem ersten Erscheinen bis zu ihrem Ende. Zum Teil durchlaufen sie nahezu dramatische Stadien. Ihre Geburt erfolgt in den Fleckengürteln nördlich und südlich des Äquators, manchmal in der Nachbarschaft einer Fleckengruppe, manchmal auch in einem fleckenfreien Gebiet, fast immer aber innerhalb einer der beiden Fleckenzonen. Von Anfang an zeigen die Protuberanzen die typische Bogenkonstruktion, wie sie in der Abb. 54 hervortritt. In der Umgebung von

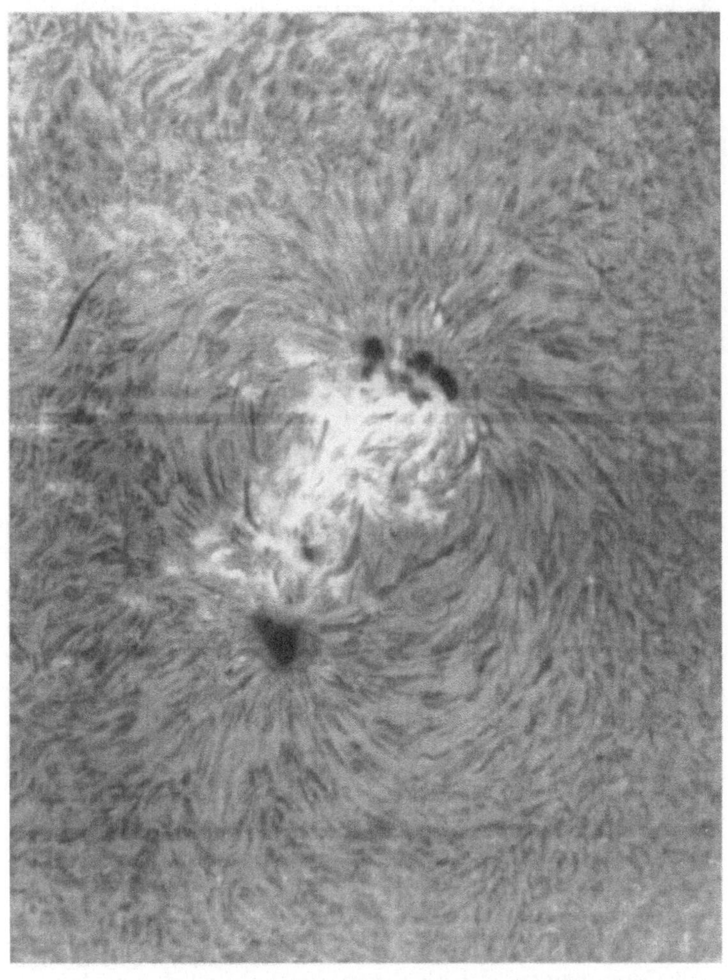

Abb. 57. Chromosphärische Wirbelstruktur um eine Fleckengruppe. Aufnahme Mt. Wilson (im Licht des Wasserstoffs)

Fleckengruppen gibt es stets zahlreiche junge Protuberanzen, von denen jedoch nur sehr wenige das Kindesalter überleben. Meist sind sie zunächst dauernd in rascher Veränderung begriffen und sehen an jedem Tag anders aus. Mit ihrer Längsrichtung zeigen sie fast immer auf den magnetisch stärkeren Fleck der benachbarten

Fleckengruppe. Gelegentlich verschwinden sie, um nach 1 bis 3 Tagen plötzlich und in nahezu unveränderter Form wieder da zu sein. Ihre Länge nimmt dauernd zu, nicht aber ihre seitliche Ausdehnung und Höhe. Nach einer Woche haben sie, wenn sie diese überhaupt überstehen, eine Länge von etwa 100000 km erreicht.

In ihrer Gesamtheit bilden diese zahlreichen jungen veränderlichen Filamente (bzw. Protuberanzen) eine zusammenhängende Struktur, die sehr häufig die Form einfacher oder auch doppelter gegenläufiger Wirbel annimmt. Die Abb. 57 zeigt ein typisches Beispiel. Zum Teil hat diese Wirbelstruktur — ähnlich den irdischen Luftbewegungen um barometrische Hochs und Tiefs — ihre Ursache in dem Zusammenwirken von Einströmung chromosphärischer Fasern in den Fleck und der Sonnnerotation. Zum Teil sind aber auch die Magnetfelder der Flecken formbestimmend. Keinesfalls sind, wie der Entdecker der Fleckenmagnetfelder ursprünglich glaubte, die Wirbel die Ursache der magnetischen Felder.

Etwa 3 Wochen nach der Geburt wird das Filament stabil und nimmt eine wohl definierte Richtung an. Die Filamente auf der Nord- und Südhalbkugel der Sonne sind lange schwarze Fäden geworden, oft über 1 Million km lang, die wie Bugwellen eines Schiffes gegen den Sonnenäquator nach Osten zurückbleiben. Man erkennt dies am deutlichsten in den synoptischen Karten der Sonnenchromosphäre, die alle während einer Sonnenrotation beobachteten Erscheinungen auf der Sonne wiedergeben und von verschiedenen Observatorien laufend herausgegeben werden. In dieser Karte sind die grauen Gebiete die Fackeln, je dunkler das Grau, um so größer ihre Helligkeit. Die Kreise innerhalb der Fackelgebiete sind Flecken. Vergleicht man die Form der Filamente in aufeinanderfolgenden Rotationen der Sonne, olso in Abständen von etwa 27 Tagen, so fällt auf, daß sie sich immer mehr nach Osten neigen, sich also immer mehr parallel zum Äquator ausrichten. Diese Verformung ist eine natürliche Folge der ungleichförmigen Sonnenrotation. Würde man nämlich auf der Sonne vom Nordpol zum Südpol in gerader Linie eine Reihe von Markierungspunkten anbringen, so würde sich diese gerade Linie, Zentralmeridian genannt, schon nach einer Sonnenumdrehung merklich deformiert haben. In der Abb. 59 sind die Formen eingezeichnet, die der Meridian innerhalb von 5 aufeinanderfolgenden

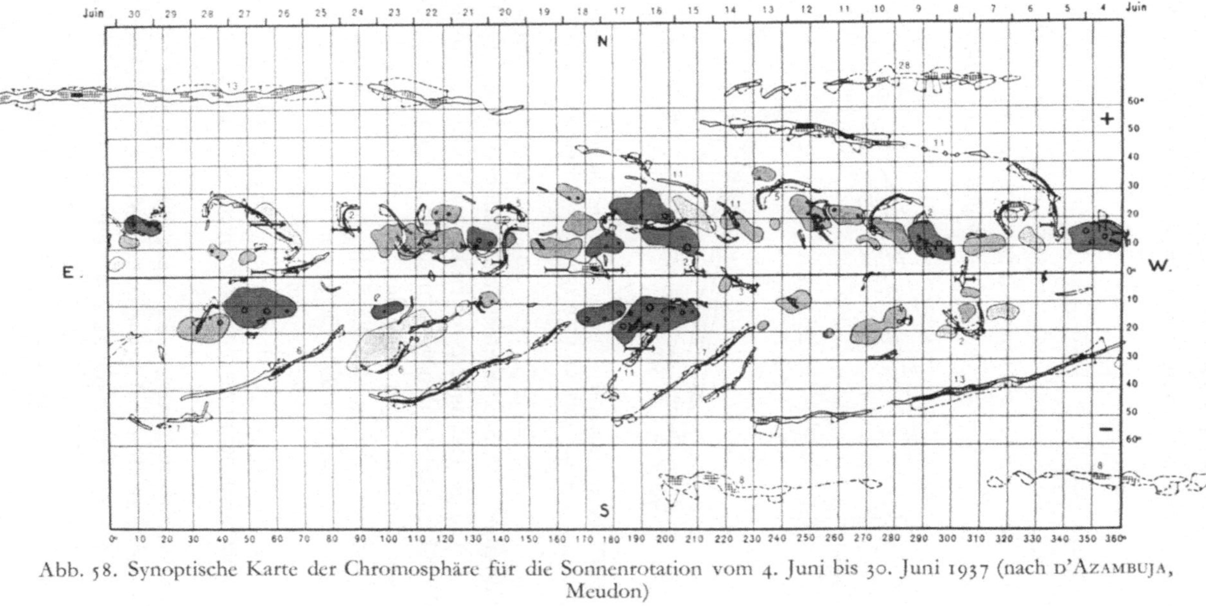

Abb. 58. Synoptische Karte der Chromosphäre für die Sonnenrotation vom 4. Juni bis 30. Juni 1937 (nach D'AZAMBUJA, Meudon)

Rotationen annimmt. Und gerade diese Deformation erleiden die Filamente. Sie sind also mit der Sonnenoberfläche verbunden und machen deren Deformation getreu mit. Dies ist das Ergebnis einer umfangreichen Untersuchung des bekannten französischen Protuberanzenforschers d'Azambuja.

Während die Filamente sich langsam in die Richtung des Äquators umlegen, werden sie immer länger, und zwar vorwiegend in Richtung zu den Polen. Dadurch gelangen sie in immer höhere

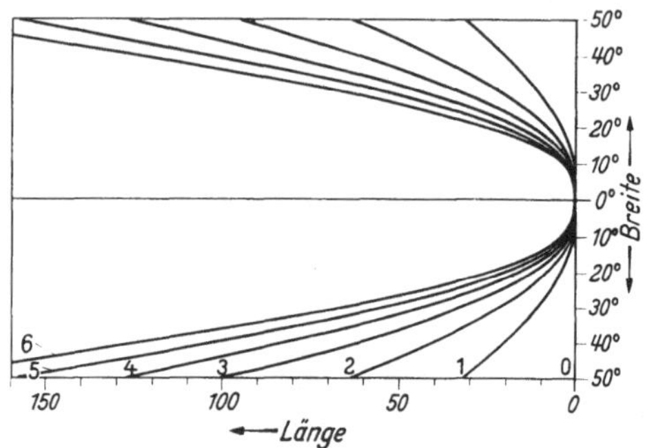

Abb. 59. Die Verformung des Sonnenmeridians durch die ungleichförmige Sonnenrotation nach 1, 2 . . . 6 Rotationen

Breiten, um schließlich in etwa 70° Breite auf der Nord- und Südhalbkugel der Sonne eine Art Filamentenkrone zu bilden.

Die jeweilige Häufigkeitsverteilung der Filamente und auch der Protuberanzen in den verschiedenen Breiten hängt daher sowohl von der jeweiligen Lage der Fleckenzone als auch von der Häufigkeit der Flecken ab. Die Abb. 60 zeigt die Verteilung für die Jahre 1918 bis 1938. Das Diagramm ist von ähnlicher Art wie das in der Abb. 43 wiedergegebene Schmetterlingsdiagramm der Flecken. Allerdings ist die Breitenverteilung der Filamente infolge ihrer großen Ausdehnung nicht so ausgeprägt wie die der Sonnenflecken.

Protuberanzenaufstiege. Fast jede Protuberanz durchläuft in ihrer mehrmonatigen Entwicklungsgeschichte ein explosives Stadium. Sie wird dann plötzlich unruhig, zeigt starke innere Bewegungen und steigt dann in wenigen Stunden mit großer Geschwindigkeit in den Weltraum hinaus. Manchmal hinterläßt sie keine Spuren an der Sonnenoberfläche, manchmal wohl auch

einige kleine dunkle Punkte.
Einige Tage später bildet sich
dann am alten Ort der Protuberanz eine neue von der
gleichen Form aus. Die meisten Protuberanzen wieder-
holen dieses Spiel sogar mehr-
mals. Die Abb. 61 zeigt einen
solchen Aufstieg, bei dem sich
die Materie der Protuberanzen
unter Beibehaltung ihrer ur-
sprünglichen Bogenform ausdehnt und dann von der Sonne
abhebt. Die Explosionsge-
schwindigkeit beträgt in diesem Fall etwa 200 km in der
Sekunde. Bei einer anderen
Protuberanz hat das plötzliche Auftauchen eines mit
großer Geschwindigkeit aus
der Chromosphäre hervor-
kommenden Materiespritzers
das Abfließen fast der ganzen
Protuberanz in die Chromosphäre zur Folge. Die Abb. 62
zeigt einige Aufnahmen dieses
sehr heftigen Vorganges. Aus
der Chromosphäre, die als
schmales Band vor der runden
Sonnenblende des Korono-
graphen hervorschaut, schießt
in schräger Richtung ein Gas-
zylinder mit einer Geschwindigkeit von etwa 700 km/sec
hervor. Ohne daß er die
ruhende Protuberanz berührt,
wirbelt er diese durcheinander. Kurz darauf beginnt die

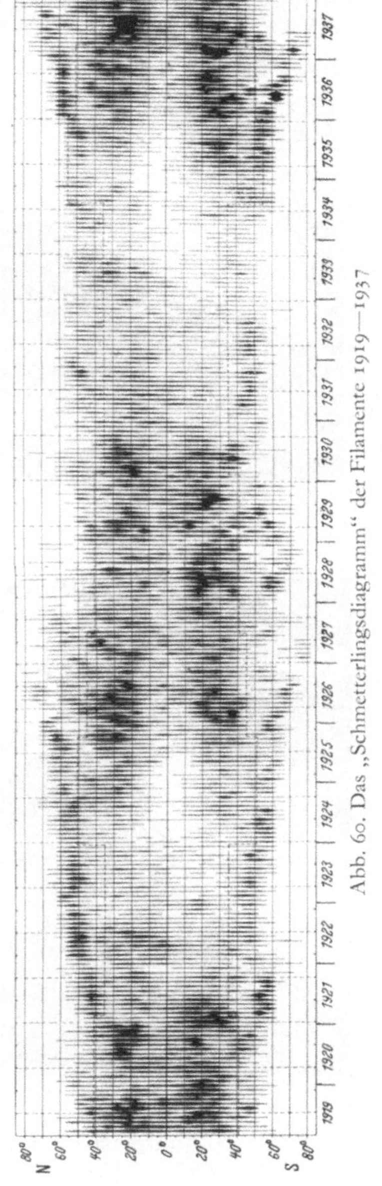

Abb. 60. Das „Schmetterlingsdiagramm" der Filamente 1919—1937

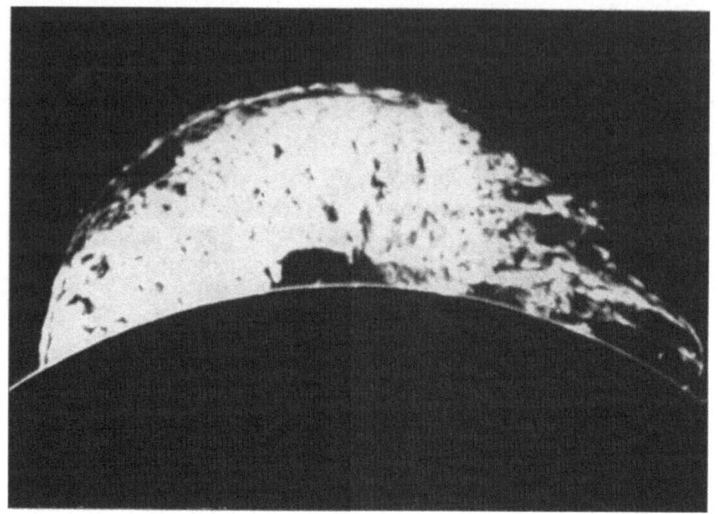

a

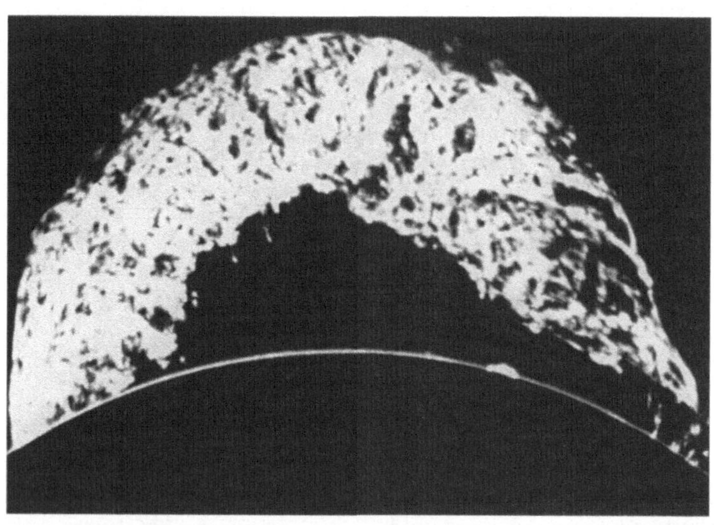

b

Abb. 61. Eine Sonnenexplosion. Aufstieg einer Riesenprotuberanz. Aufnahmezeiten 16.03, 16.36, 16.51, 17.03 Uhr, 4. Juni 1946 (Aufnahme W. O. Roberts, Climax)

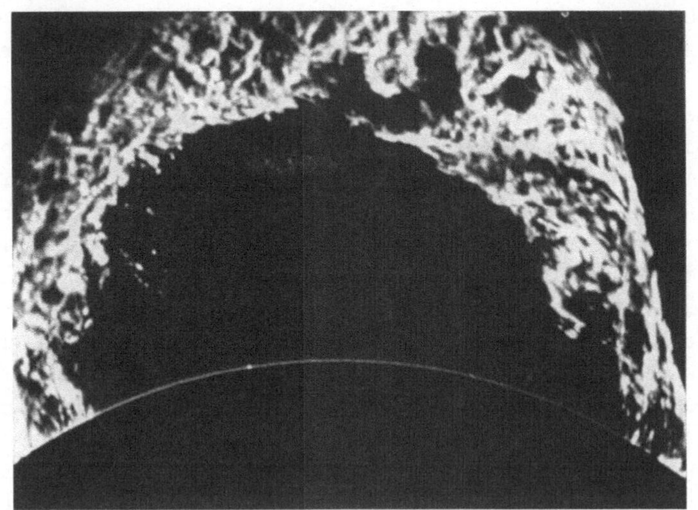

c

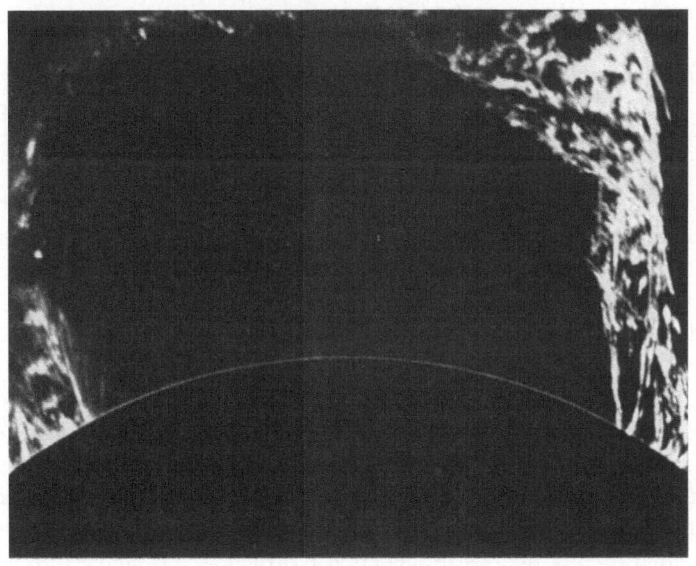

d

Hauptmasse der so gestörten Protuberanz auf gekrümmten Bahnen nach rechts in die Chromosphäre abzufließen. Häufig erfolgt dieses Abfließen in Richtung auf einen Sonnenfleck. Seltsamerweise scheinen die Bahnen, auf denen die Materie fließt, im Raum festgelegt zu sein. Immer wieder fließen leuchtende Teile einer Protuberanz entlang der gleichen gekrümmten Raumkurve. Man nimmt an, daß diese Raumkurven mit den magnetischen Kraftlinien des benachbarten Sonnenflecks zusammenfallen. Die Protuberanzenmaterie fällt also nicht einfach der Schwerkraft der Sonne folgend senkrecht herunter, sondern sie folgt den Kraftlinien des magnetischen Feldes, als ob sie aus lauter Kompaßnadeln bestünde. Man vermutet auch, daß die lange Zeit über der Sonnenoberfläche schwebenden, sogenannten ruhenden Protuberanzen durch ein Magnetfeld gegen die Schwerkraft getragen werden. Ändert sich dieses Magnetfeld, so werden in der Protuberanz starke elektrische Ströme induziert. Diese Ströme aber werden von dem Magnetfeld abgestoßen, die Protuberanz wird infolgedessen emporgeschleudert. So etwa muß man sich die in der Abb. 61 wiedergegebene Protuberanzexplosion erklären.

Protuberanzen sind daher außerordentlich empfindliche Sonden für die Form und die zeitliche Änderung von Magnetfeldern, und zwar auch von solchen, die sich infolge ihrer Kleinheit der spektroskopischen Messung entziehen.

Vielleicht muß man auch die merkwürdige Eigenschaft der Protuberanzen, daß sich einige Tage nach ihrem plötzlichen Verschwinden am gleichen Ort eine Protuberanz von der gleichen Form niederläßt, auf das Konto der dort vorhandenen unsichtbaren Magnetfelder setzen. Die regelmäßige Beobachtung dieser Magnetfelder wird gewiß dazu beitragen, dieses Rätsel zu lösen (vgl. S. 120).

Was ist eine Protuberanz? Wir wissen nun von der Geburt, von den Bewegungen, von den Explosionen der Protuberanz und von den Kräften, die auf sie wirken. Doch was sind sie selbst? Sind sie Wolken der Sonne? Der Raum, in dem sie sich bewegen, ist die Sonnenkorona. Das Gas, aus dem sie bestehen, ist etwa 100mal dichter als das umgebende Koronagas. Da sich Protuberanzen gelegentlich scheinbar aus dem Nichts in der (meist unsichtbaren) Korona bilden, liegt die Vermutung nahe, daß sie aus

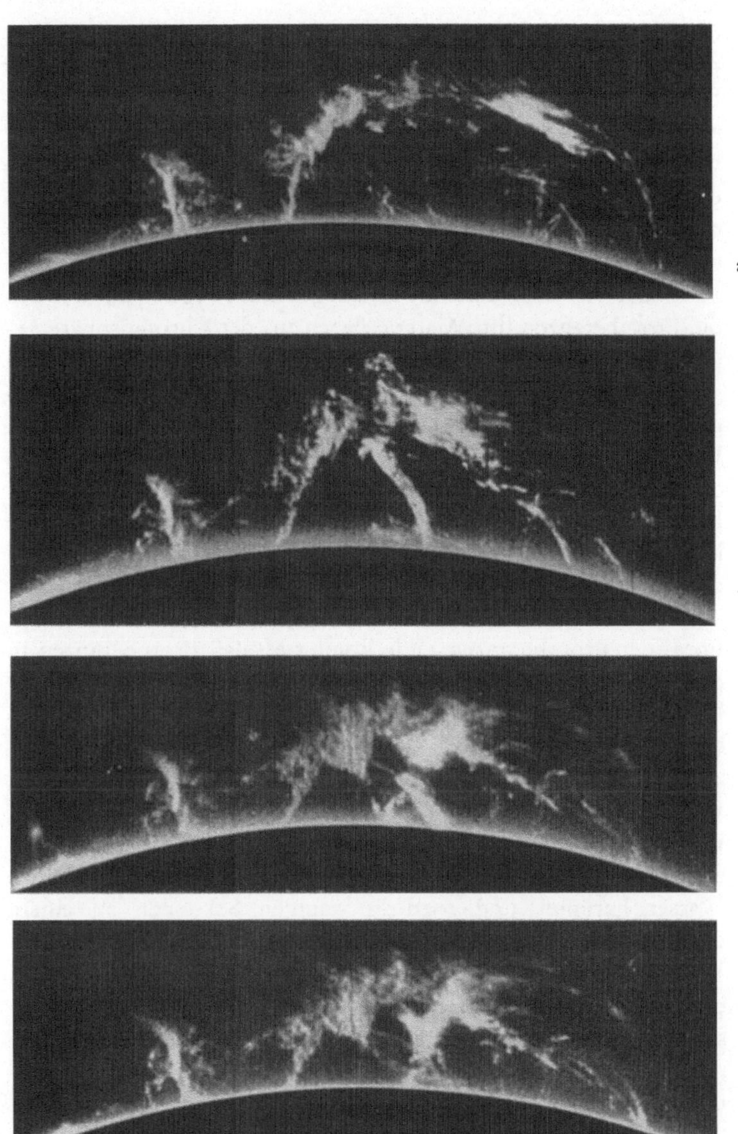

Abb. 62. Ein chromosphärischer Auswurf (surge) bringt Protuberanz zum Absturz. 12. Juni 1937. Aufnahmezeiten 12.45, 12.49, 12.54, 13.25 Uhr (LYOT, Pic du Midi)

der Koronamaterie entstehen, ähnlich wie sich unsere Wolken
durch Tropfenkondensation aus dem unsichtbaren Wasserdampf
bilden. Die Beobachtung, daß in der Umgebung der Protuberanzen die Koronamaterie verdünnt ist, spricht sehr für diese Annahme, denn um eine Protuberanz zu „kondensieren", wird etwa
das 100fache an Koronavolumen verbraucht. Eine andere Beobachtung deutet in die gleiche Richtung: Innerhalb der Protuberanzen finden dauernd rege Strömungsvorgänge statt. Und
zwar sehr viel mehr fallende als steigende Bewegungen. Würden
die Protuberanzen ihre Materie daher aus der Chromosphäre beziehen, so müßten sie schon nach wenigen Tagen verschwunden
sein. Sie überstehen aber viele Monate. Und das kann nur bedeuten, daß sie ihre Materie fortlaufend aus der Korona ergänzen.
Die Analogie zu unseren Wolken ist daher, abgesehen von dem
eigentlichen Mechanismus der Kondensation, recht vollkommen.
Protuberanzen stellen also eine Art Landregen dar, bei dem die
kondensierte Koronamaterie dauernd durch die Protuberanzen in
die Chromosphäre abgeregnet wird.

Schließlich noch ein Wort zu der merkwürdigen bandartigen
Form der Protuberanzen: Wie kommt es, daß Protuberanzen in
der Länge wachsen und dennoch die Form eines dünnen Bandes
beibehalten? Ein einfaches Modellexperiment kann uns das Ver-
ständnis erleichtern: Man setze einen mit Wasser gefüllten Glas-
zylinder auf den rotierenden Teller eines Plattenspielers, der mit
33 Umdrehungen in der Minute umlaufen möge. Dann führe man
vorsichtig einen Tropfen Tinte in das Wasser ein, etwa halbwegs
zwischen Mitte und Rand des Gefäßes. Der Tropfen sinkt im
Wasser herunter und wird in wenigen Sekunden zu einem
dünnen, aus feinen Tintenfäden bestehenden Band ausgezogen.
Von oben gesehen wirkt dieses Band wie eine scharfe Linie. In
diesem Modellversuch entsteht die Bandform durch das Zusammenwirken der ungleichförmigen Rotation des Wassers, das
am Gefäßrande rascher als in der Mitte umläuft, der Schwerkraft
und der sogenannten Coriolis-Kraft, die auf jedem rotierenden
Körper auftritt. Der Tintentropfen ist die Protuberanz. Die ungleichförmig rotierende Sonnenkorona, in welche die Protuberanz eingebettet ist, wird durch das Wasser vertreten. Die
Schwerkraft ist im Modell und in der Natur von gleicher Art.

Dieser einfache Modellversuch zeigt daher, wie die bandförmige Struktur der Protuberanz durch das Zusammenspiel von Korona, Schwerkraft und Sonnenrotation zustande kommen muß.

Sonnenunwetter oder Aktivitätszentren. Wir haben nun alle Erscheinungen zusammengetragen, die sich in der Umgebung einer Sonnenfleckengruppe abspielen. Keine dieser Erscheinungen ist Ursache der anderen, auch die Sonnenflecken nicht. Die primäre Ursache liegt tief in der Sonne. Ohne den Zusammenhang der Erscheinungen im einzelnen erklären zu können, hat man den ganzen Komplex als Aktivitätszentrum bezeichnet. Der Ablauf aller ein solches Zentrum ausmachenden Vorgänge, die man in ihrer Gesamtheit am besten als Sonnenunwetter bezeichnen könnte, erstreckt sich über viele Monate, meist über ein $^3/_4$ Jahr. In der Abb. 63 ist die Lebensgeschichte eines typischen Aktivitätszentrums skizzenhaft dargestellt. Die Geburt des Zentrums kündet sich durch ein kleines Fackelpünktchen an, das sich schon am zweiten Tag beträchtlich vergrößert und einen kleinen Sonnenfleck hervorgebracht hat. In den folgenden Tagen nimmt das Fackelgebiet sehr an Ausdehnung und Helligkeit zu, die Zahl der Flecken wächst. Diese ordnen sich deutlich zu einer bipolaren Gruppe. Um den 11. Tag haben Fleckengruppe und Fackelgebiet ihre maximale Entwicklung erreicht. Einige kleine Filamente tauchen gelegentlich auf. Nach 27 Tagen haben sich die Flecken bereits sehr zurückgebildet. Von den zahlreichen Filamenten lebt nur noch eines, das eine beträchtliche Länge erreicht hat. Die Fackel besitzt nun fast ihre maximale Helligkeit. Nach zwei Sonnenumdrehungen (54^d) sind die Flecken ganz verschwunden, nur die Fackeln sind geblieben und das inzwischen noch länger gewordene Filament, das das Fackelgebiet deutlich in zwei Hälften zerteilt und sich merklich in die Äquatorrichtung gedreht hat. Nach vier Sonnenumdrehungen (108^d) sind auch die Fackeln verschwunden. Nur das Filament ist noch da, inzwischen zu einer Länge von etwa 300 000 km ausgewachsen. Nach weiteren vier bis sechs Sonnenumdrehungen hat sich auch dieses aufgelöst, die Sonnenoberfläche ist wieder still geworden. Das Aktivitätszentrum ist erloschen, ohne eine Spur hinterlassen zu haben.

Ähnlich wie die Helligkeit des Fackelgebietes und die Häufigkeit der chromosphärischen Blitze die Heftigkeit des Sonnenunwetters anzeigen, spiegelt auch die über den Aktivitätszentren am Sonnenrande beobachtbare Sonnenkorona bis ins einzelne die Veränderungen wieder. Während der Lebensdauer des Fackelherdes erscheint die Korona über ihnen heller und zwar sowohl im weißen Licht als auch im Lichte einiger Koronalinien (vgl. S. 63). Die weiße Aufhellung bedeutet, daß dort mehr Sonnenlicht gestreut wird, also mehr Elektronen als normal vorhanden sein müssen. Die Korona ist also über einem Aktivitätszentrum dichter als in ungestörten Gebieten. Die Verstärkung der Linienstrahlung — besonders der sogenannten grünen Koronalinie bei $\lambda\,5303$ Å und der roten bei $\lambda\,6374$ Å deutet auf eine erhöhte Gastemperatur. Ähnlich wie die chromosphärischen Fackeln wird also auch die an sich schon sehr heiße Korona über einem Aktivitätszentrum zusätzlich aufgeheizt und zwar um mehrere $100\,000°$!

Sonnenüberwachung. Genau so wie man das Erdenwetter in allen seinen Einzelheiten überwacht und registriert, sei es, um Prognosen zu machen, sei es, um es besser zu verstehen, überwacht man auch die Sonnenoberfläche. Während der Meteorologe eine Welt-Wetterkarte mühsam aus den Beobachtungen von tausenden von Stationen zusammensetzen muß, kann der Sonnenforscher im Prinzip die ganze der Erde zugekehrte Hemisphäre der Sonne auf einmal übersehen. Die Rückseite der Sonne ist ihm allerdings nicht zugänglich.

Da der Sonnenbeobachter jedoch durch Bewölkung und den Tag-Nacht-Wechsel an einer kontinuierlichen Überwachung gehindert wird, können die Sonnenphänomene, die sich schon innerhalb eines Tages ändern, nur durch die Zusammenarbeit eines weltweiten Netzes von Beobachtungsstationen lückenlos registriert werden. Eine derartige internationale Zusammenarbeit ist nun schon seit über 20 Jahren im Gange und hat insbesondere nach dem letzten Kriege einen kräftigen Aufschwung erfahren.

Der Antrieb hierzu kam nicht nur von astronomischer Seite. Vielmehr war es besonders im letzten Kriege klar geworden, wie sehr die veränderlichen Erscheinungen auf der Sonne den irdischen Funkverkehr auf große Distanzen — und zwar auf dem Umweg über die Ionosphäre (vgl. S. 142) — beeinflussen und wie wichtig die Überwachung der Sonnenaktivität für die Diagnose und Prognose der Güte von Langstreckenfunkverbindungen ist.

116

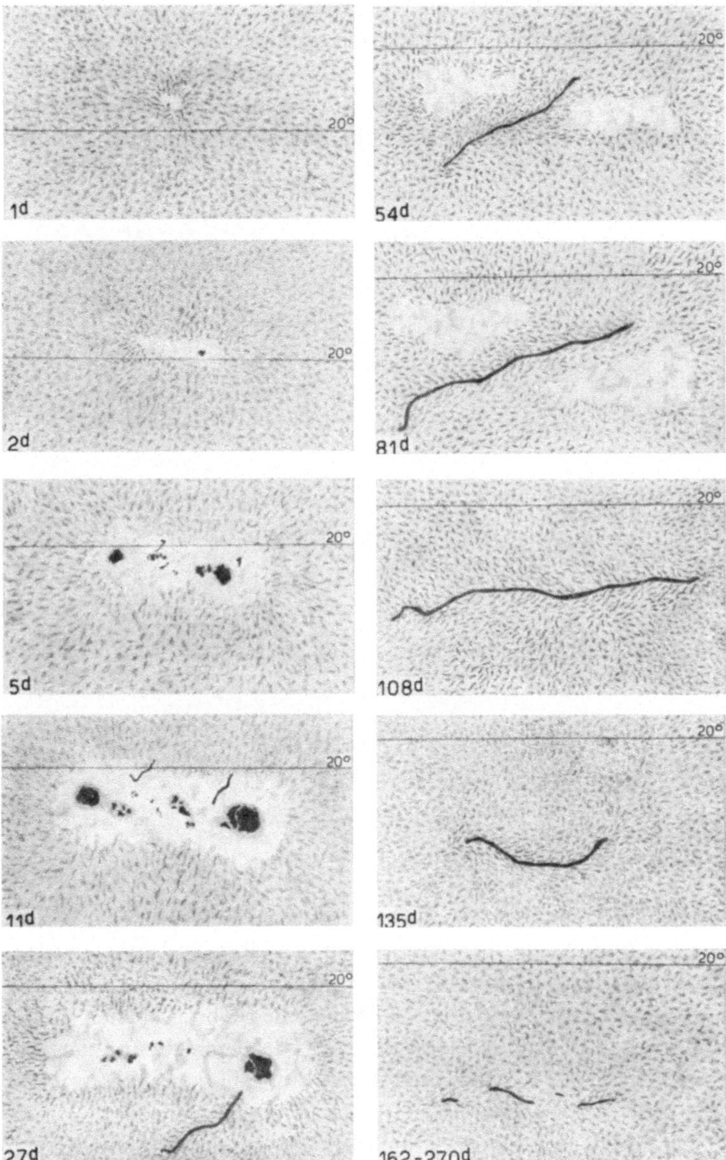

Abb. 63. Die Entwicklung eines Aktivitäts-Zentrums

Das tägliche Zählen der Sonnenflecken wird heute von unzähligen Institutionen und auch Amateuren praktisch lückenlos durchgeführt und stellt kein Problem mehr dar. Dagegen stößt die lückenlose Überwachung der zahlreichen und mannigfaltigen chromosphärischen Erscheinungen und der Sonnenkorona immer

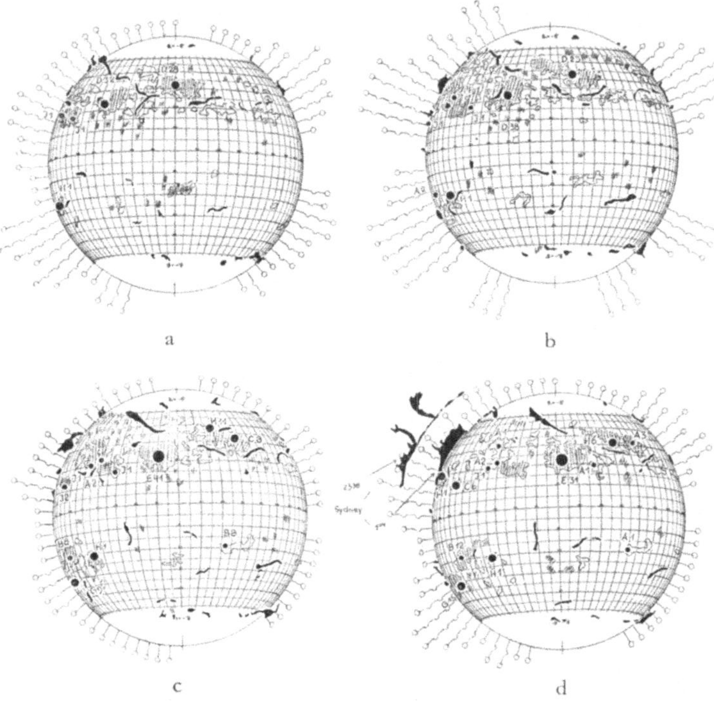

a   b

c   d

noch auf Schwierigkeiten. Diese liegen im Grunde weniger an den Klima- und Nachtunterbrechungen, sondern vielmehr in dem Problem, einheitliche, also untereinander vergleichbare quantitativ verläßliche Zahlenwerte von verschiedenen Observatorien zu bekommen, z. B. über die Helligkeit der Fackelgebiete und der Korona, über Größe und Intensität der chromosphärischen Eruptionen und über die raschen Veränderungen der Protuberanzen.

Tagebuch der Sonne. Die altbekannten synoptischen Karten der Photosphäre (herausgegeben durch die Züricher Sternwarte) und der Chromosphäre (herausgegeben durch die Sternwarte

Paris/Meudon), die alle während einer Sonnenrotation beobachteten Erscheinungen enthalten (vgl. Abb. 58), können natürlich die solaren Erscheinungen nur in ihrem Durchschnittszustand während einer Sonnenrotation wiedergeben. Um auch die Veränderungen von Tag zu Tag zu dokumentieren, werden

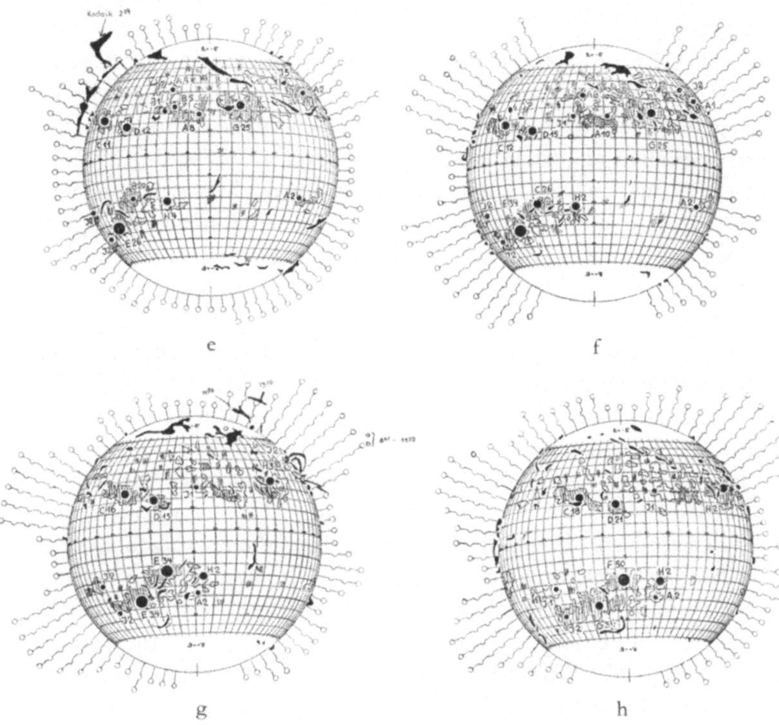

Abb. 64. Tageskarten der Sonne, 8. bis 15. April 1956. Filamente, Protuberanzen und Fackelgebiete in natürlicher Form. Fleckengruppen D 38 bedeutet z. B., daß die Gruppe vom Typ D ist und 38 Einzelflecken hat. Die Helligkeit der grünen Koronalinie am Sonnenrande ist längs des Randes durch radiale Strahlen dargestellt (Fraunhofer Institut, Freiburg)

seit 1956 auch tägliche Karten der Sonne veröffentlicht, die mit Hilfe der Beobachtungen einer größeren Zahl von um den ganzen Erdball verteilten Observatorien gezeichnet werden und ein fast lückenloses *Tagebuch* der Sonne darstellen, in dem die Sonne also nicht untergeht. In der Abb. 64 ist eine Reihe solcher Karten wiedergegeben, die vom Fraunhofer Institut in Freiburg i. Br. herausgegeben werden. Die mitarbeitenden Observatorien sind: Arcetri-Florenz, Athen, Boulder (USA), Florenz, Capri, Greenwich, Istanbul, Kanzelhöhe (Österreich), Kodaikanal (Indien), Meudon-Paris, Potsdam, Prag, Sacramento Peak (USA), Sydney, Tokio, Tonantzintla (Mexiko), Uccle (Belgien), Wendelstein (Obb.).

Lyot-Filter ersetzen Spektroheliographen. Die Zuverlässigkeit besonders der Chromosphärenüberwachung hat beträchtlich zugenommen, seitdem die von Lyot und Öhman erfundenen und entwickelten sogenannten Interferenzfilter an Stelle der komplizierten und schwer zu handhabenden Spektroheliographen (vgl. S. 88) getreten sind. Diese Filter, die nur eine einzige Spektrallinie des Sonnenspektrums durchlassen und auf einer raffinierten Ausnutzung der Doppelbrechung des Lichtes in Quarz- und Kalkspatkristallen beruhen, gestatten Momentaufnahmen der Chromosphäre ($^1/_{50}$ sec), während die Belichtungszeit eines Spektroheliographen in die Minuten geht. Heute sind auf der Erde schon mindestens 20 solcher Geräte im Gange und haben insbesondere die Jagd nach chromosphärischen Eruptionen, von denen heute wohl über 90 % erfaßt werden, sehr viel erfolgreicher werden lassen. Das in den Abb. 52 und 56 wiedergegebene Bild der Chromosphäre wurde mit einem solchen Gerät aufgenommen.

Magnetogramme der Sonne. Auch die Magnetfelder auf der Sonne sind Gegenstand der Überwachung geworden. Während die starken Felder der Sonnenflecken schon seit 1908 im wesentlichen am Mt. Wilson-Observatorium und zum Teil auch am Einstein-Turm in Potsdam registriert werden, ist es neuerdings auch gelungen — wiederum am Mt. Wilson-Observatorium —, die sehr schwachen Magnetfelder außerhalb der Sonnenflecken regelmäßig zu registrieren. Das hierzu verwendete sehr komplizierte Gerät bedient sich einer photoelektrischen Methode, mit der man die winzigen Veränderungen gewisser Linien des Sonnenspektrums, die durch schwache Magnetfelder hervorgerufen werden, viel besser messen kann als mit dem klassischen photographischen oder visuellen Verfahren. In der Abb. 65 sind die so erhaltenen magnetischen Karten der Sonne, Magnetogramme genannt, von drei aufeinanderfolgenden Tagen wiedergegeben.

Weitere Geräte dieser Art — man nennt sie Magnetographen — sind im Bau, so daß man auch bald eine lückenlose Auskunft über die Veränderungen der Magnetfelder der Sonne haben wird. Wie wir gesehen haben (vgl. S. 112), beeinflussen diese Magnetfelder den Ablauf fast aller beobachtbaren solaren Erscheinungen. Ihre Kenntnis wird daher Klarheit und Ordnung in die fast chaotische Mannigfaltigkeit der Sonnenmeteorologie bringen.

Das Sorgenkind Korona. Besonders schwierig und lückenhaft ist immer noch die Überwachung der Sonnenkorona, die leider nur am Sonnenrande und dort auch nur innerhalb eines dünnen Ringes um die Sonnenscheibe beobachtet werden kann. Obgleich es — wiederum von Lyot zuerst angegeben — ein photoelektrisches Verfahren gibt, das auch bei nicht tiefblauem Himmel und ohne ins Hochgebirge zu gehen sehr gute Ergebnisse bringt, benutzen die meisten zur Zeit auf der

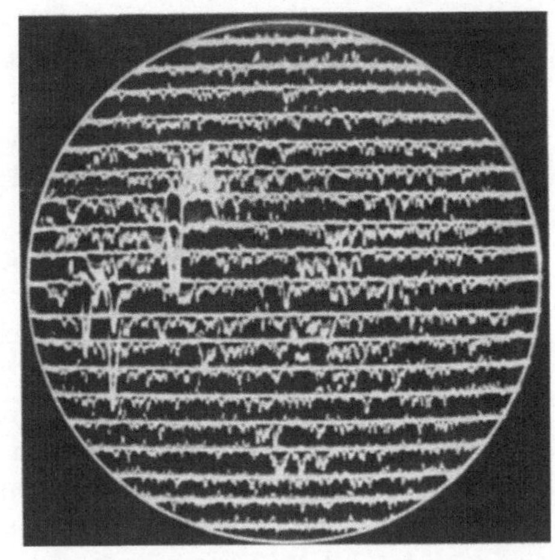

a

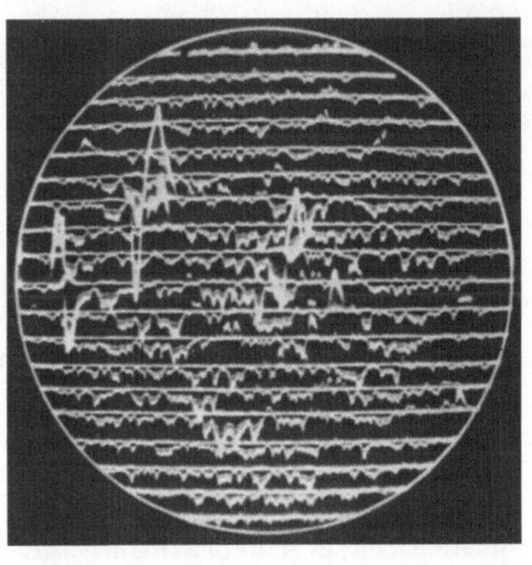

b

Abb. 65. Magnetogramme der Sonne. Die Auslenkungen der Registrierkurve geben die magnetische Feldstärke an (BABCOCK, Mt. Wilson)

Erde arbeitenden Koronographen noch konservative visuelle und photographische Verfahren, die sehr langwierig sind und sehr empfindlich auf das störende Streulicht in der Erdatmosphäre reagieren. Der endgültige Ersatz des Auges oder der photographischen Platte durch die Photozelle wird hier einen großen Fortschritt bedeuten.

Die Überwachung der Radiostrahlung der Sonne hat trotz der Jugendlichkeit der Radioastronomie bereits eine bemerkenswerte Vollkommenheit erreicht. Das liegt nicht nur daran, daß diese Strahlung auch bei bedecktem Himmel beobachtet werden kann. Vielmehr sind die Radioastronomen, die von Haus aus meist Hochfrequenztechniker sind, technisch besser imstande, automatische Dauerregistrierungen einzurichten.

Es kann kaum ein Zweifel bestehen, daß die geschilderten internationalen Anstrengungen, die man macht, um die optischen Erscheinungen auf der Sonne, die Magnetfelder und die Radiostrahlung in allen ihren Nuancen zu registrieren, zu Erkenntnissen über das Verhalten der äußeren Schichten des Sternes Sonne führen werden, wie sie sich der Astronom noch vor kurzem nicht hat träumen lassen.

8. Das Innere der Sonne

Wir kennen aus optischer Erfahrung nur eine hauchdünne Oberflächenschicht der Sonnenkugel und werden mit unseren Fernrohren wohl nie tiefer eindringen. Dennoch können wir einige recht wohl begründete Behauptungen über den Zustand der Materie im tiefen Sonneninnern machen. Wir können ein theoretisches Modell des Sonneninnern konstruieren. Dieses muß an seiner Oberfläche die beobachtete Temperatur der Photosphäre haben; es muß dieselbe Energie in den Raum strahlen wie die Sonne, seine Gesamtmasse muß die der Sonne sein und in ihm muß alles nach den Regeln der Physik ablaufen. Wir können z. B. sicher sein, daß in jedem Punkt des Sonneninnern sich die Schwerkraft (die die Sonne zusammenziehen möchte) und der Druck des heißen Gases (der die Sonne sprengen möchte) gerade einander das Gleichgewicht halten. Denn wie könnte die Sonne sonst seit Milliarden von Jahren die gleiche Größe und Helligkeit besitzen?

Allein aus dieser Bedingung des mechanischen Gleichgewichtes folgt schon, daß die Temperatur des Sonnenkernes etwa 15 Millionen Grad betragen muß, denn nur bei dieser Temperatur kann der Gasdruck im Sonnenkern der enormen Schwerkraft standhalten. Der Druck ist dort so groß, daß die Materie auf eine Dichte von etwa 100 g im Kubikzentimeter zusammengedrückt sein muß. Eine Streichholzschachtel voll Materie wiegt dort also schon mehr als 1 kg.

Die Sonne, ein Riesenatomkraftwerk. Wie steht es mit der Energieversorgung in unserem Sonnenmodell? Die wirkliche Sonne strahlt auf jeden Quadratmeter der Erdoberfläche dauernd eine Energiemenge von etwa 1 Kilowatt. Die gleiche Energiemenge empfängt jeder Quadratmeter der riesengroßen Kugelfläche, auf der sich die Erde um die Sonne bewegt, einer Kugel von etwa 150 Millionen km Radius. Das geschieht schon seit mindestens einer Milliarde von Jahren, denn die ältesten Spuren organischen Lebens sind schon in Versteinerungen nachweisbar, deren Alter auf 1 Milliarde Jahre geschätzt wird. Wenn damals die Sonnenstrahlung nur um einige Prozent schwächer gewesen wäre, hätte die Temperatur auf der Erde weder zur Entwicklung noch zur Erhaltung von Lebensvorgängen ausgereicht.

Woher stammt dieser Riesenvorrat an Energie? Die Physiker Helmholtz und Kelvin berechneten vor etwa 100 Jahren, daß die Sonne sich durch Zusammenziehung aufheizen könnte. Sie fanden, daß der Energiebedarf der Sonne auf diese Weise nur für etwa 24 Millionen Jahre gedeckt werden könnte. Würde die ganze Sonne andererseits aus bester Kohle bestehen, so würde deren vollkommene Verbrennung nur eine Galgenfrist von etwa 8000 Jahren ergeben. Wir müssen uns also wohl nach anderen, ergiebigeren Energiequellen umsehen. Heute im Zeitalter der Atombombe fällt das nicht allzu schwer. Die Physiker Bethe und Weizsäcker hatten ihren guten Gedanken jedoch schon 1938, lange vor der ersten Atombombe und ein Jahr bevor Hahn und Strasmann die Spaltung des Urans gelang. Sie erkannten, daß nur die im Atomkern gebundenen Energien ausreichen, um den phantastischen Bedarf eines Sternes zu decken. Die im Atom schlummernde Energie wurde zuerst in Form von sehr schnellen Teilchen beobachtet, die aus den zerfallenden, radioaktiven

Atomen heraus schießen. Schon damals war man sich klar darüber, daß die von einem Atomkern ausgehende Energiemenge
etwa 1 Milliarde mal größer ist, als sie bei irgend einem chemischen
Prozeß von einzelnen Atomen abgegeben wird.

Energie hat Gewicht. Wie bringt man aber die Atome dazu,
die in ihren Kernen ruhende Energie herzugeben? Um das zu
verstehen, müssen wir einen kleinen Umweg machen. Sie wissen,
daß die Atomkerne der verschiedenen chemischen Elemente aus
Protonen (Wasserstoffkernen) und Neutronen aufgebaut sind.
Und zwar besitzt das Atom mit der Ordnungszahl Z und dem
Atomgewicht A Z Protonen und $A-Z$ Neutronen. Berechnet
man nun nach diesem Schema die Massen der schweren Atomkerne, so sind diese merkwürdigerweise leichter als die Summe der
Einzelmassen der eingebauten Protonen und Neutronen. Man
nennt diese Differenz zwischen der (mit einem Massenspektro-
graphen) gemessenen Masse und der aus der Masse der Einzel-
teilchen berechneten Masse den Massendefekt. Baut man etwa
aus Protonen und Neutronen einen Heliumkern auf, so ist der
neue Kern um 0,03028 Atomgewichtseinheiten leichter. Würde
man ein Gramm Protonen und Neutronen zu Helium vereinigen,
so würde dabei 0,00757 g Masse, also etwa 1 % der Gesamtmasse
verschwinden. Das klingt unheimlich, denn die klassische Physik
ruht ja gerade auf den fundamentalen Sätzen von der Erhaltung
der Masse und der Erhaltung der Energie in einem abgeschlos-
senen System. Offenbar wird hier an ein grundlegendes Problem
gerührt.

Dieses Problem wurde zum erstenmal von Albert Einstein in
seiner allgemeinen Relativitätstheorie behandelt. Er behauptete
nämlich schon vor 50 Jahren, daß Masse und Energie einander
äquivalent seien und im Prinzip ineinander überführbar sein
müßten. Die Äquivalenz der beiden drückt er in der Gleichung
aus: Energie = Masse $\cdot c^2$. c ist die Geschwindigkeit des Lichts.
Sie beträgt 300000 km in der Sekunde. Aus dieser Gleichung
würde folgen, daß ein einziges Gramm Masse einen Energie-
vorrat von $9 \cdot 10^{20}$ erg oder auch 25 Millionen kWh darstellt.
Würde es gelingen, diese Umwandlung vorzunehmen, so würden
wenige Gramm Materie genügen, um den täglichen Energiebedarf der ganzen Erde zu decken. Diese selbe Gleichung sagt

auch, daß ein heißer Körper schwerer sein müsse als ein kalter, denn die in ihn hineingesteckte Wärmeenergie hat Gewicht. Doch ist dieses Gewicht im allgemeinen unwägbar klein, wie man mit Hilfe der obigen Gleichung leicht nachrechnen kann.

Kehren wir nun zur Energieerzeugung in der Sonne zurück. Entsprechend der Einsteinschen Gleichung muß bei der Bildung des Heliums aus den Bausteinen Protonen und Neutronen eine Energiemenge von der Größe Massendefekt · c^2 freigeworden sein. Und diese Energieabgabe hat man tatsächlich beobachtet. Der Nachweis und die Messung dieser Energiemenge ist allerdings nicht so einfach wie bei der chemischen Verbrennung einer Substanz. Die Kernphysik hat somit die Einsteinsche Behauptung von der Äquivalenz von Masse und Energie voll und ganz bestätigt. Überall da, wo beim Aufbau oder bei der Zertrümmerung von Atomkernen eine Änderung der Gesamtmasse eintritt, wird ein entsprechender Energiebetrag frei oder auch verbraucht.

Wie macht es die Sonne? Um Atomkerne zur Energieabgabe zu bewegen, muß man sie also aufbauen. Im Laboratorium kann man das erreichen — und das geschieht in jedem Atommeiler, deren es heute schon viele gibt —, indem man z. B. das schwerste aller chemischen Elemente, das Uran, mit Neutronen beschießt. Das ungeladene Neutron dringt dann mit Leichtigkeit in den Urankern ein und bringt ihn zum Platzen. Dabei werden zwei Neutronen wieder herausgeschossen, die dann weitere Urankerne zur Explosion bringen können. Es ist nun eine große Kunst, diesen kettenartigen Explosionsprozeß im Atommeiler so zu regulieren, daß nicht der ganze Uranvorrat des Meilers auf einmal explodiert, wie das in einer Atombombe geschieht, sondern daß der Abbau in wohldosierter Form erfolgt und so die abgegebene Energie verwertet werden kann. Das ist tatsächlich gelungen. In einem Atommeiler wird die Energie zunächst in Form von sehr raschen Teilchen ausgestoßen. Diese werden jedoch in einer Art Panzer abgefangen, der den Uranvorrat allseitig umgibt und sich dabei kräftig erwärmt. Diese Wärme geht an ein umlaufendes Gas über, das zur Erhitzung eines Wasservorrates dient. Der so erzeugte Dampf treibt eine Turbine an.

Im Innern eines Sterns sind die Vorgänge im Prinzip von ähnlicher Art wie in einem Atommeiler, wenn auch andere chemische Elemente und andere Atomgeschosse zur Befreiung der Kernenergie dienen. Und gerade die bei den Atommeilern auftretende größte Schwierigkeit, daß nämlich das Gehäuse die hohen Temperaturen des „verbrennenden" Urans aushält, verwandelt sich auf der Sonne in einen günstigen Umstand. Die hohe Temperatur im Innern der Sonne läßt die Atomkerne nämlich so rasch herumfliegen, daß sie infolge ihrer großen Bewegungsenergie in die Atomkerne eindringen können, mit denen sie zusammenstoßen. Sie bleiben also in ihren Stoßpartnern stecken. Auf diese Weise werden aus leichten Atomkernen schwere aufgebaut. Die dabei freiwerdende Energie prallt dann in Form von sehr schnellen Teilchen oder von äußerst kurzwelligen Lichtquanten (γ-Quanten) auf den dicken Gaspanzer der Sonne, der durch die Schwerkraft zusammengehalten wird. In diesem Gaspanzer wird die Energie dieses Stromes schneller Teilchen in Wärme umgewandelt und tritt dann in Form von Wärme- und Lichtstrahlung in den Weltraum hinaus. Wenn also die Sonnenstrahlung ihre Energie aus den Atomkernen im Sonneninnern beziehen soll, müssen immerzu gerade so viel Atomkerne aufgebaut werden, daß der hierbei eintretende Massendefekt nach der Einsteinschen Gleichung diesen Energieverlust gerade auszugleichen vermag. Die Einsteinsche Masse der die Sonne in der Sekunde verlassenden Lichtstrahlung beträgt 3 600 000 Tonnen. Das ist genau der in der Sekunde im Sonneninnern eintretende Massendefekt.

Die möglichen Kernprozesse. Im Sonneninnern gibt es zahlreiche verschiedene Elemente, zwischen deren Kernen sehr unterschiedliche Reaktionen stattfinden können. Ein Wasserstoffkern kann mit einem Kohlenstoffkern zusammenstoßen und in ihm steckenbleiben, so daß sich der Kohlenstoffkern in einen Stickstoffkern verwandelt, oder es können zwei normale Wasserstoffkerne (Protonen) zusammenstoßen und einen sogenannten schweren Wasserstoffkern bilden. Die Mehrzahl der im Sonneninnern möglichen Kernprozesse kennt man heute. Zum Teil kann man sich auf Laboratoriumserfahrungen berufen, d. h. auf die Beobachtung von natürlich oder künstlich herbeigeführten Atomreaktionen. Die Atomgeschosse werden dann nicht wie im Sonneninnern durch Erwärmung auf große Geschwindigkeit gebracht, sondern durch riesige elektrische Beschleunigungsmaschinen (Betatron, Synchrotron oder Kosmotron genannt) beschleunigt. Da man aber auf diese Weise nicht alle Kernprozesse, die im Sonneninnern vorkommen können, im Laboratorium nachahmen kann, verläßt man sich zum Teil auch auf die Theorie des Atomkerns. Diese gestattet in manchen Fällen vorauszusagen, welche Prozesse ablaufen und mit welcher Wahrscheinlichkeit sie eintreten, wenn zwei Atomkerne genügend dicht einander begegnen. Aus der großen Zahl der Möglichkeiten, die sich zwischen den häufigsten chemischen Elementen wie Wasserstoff, Helium, Kohlenstoff, Stickstoff, Sauerstoff, Neon, Magnesium, Silizium und Eisen abspielen, treten insbesondere zwei Reaktionen hervor, die besonders in der Sonne die ergiebigsten sind: Nämlich der sogenannte Kohlenstoff-Stickstoff-Zyklus und der Proton-Proton-Zyklus. Bei beiden Reaktionen wird Helium aus Wasserstoffkernen aufgebaut. Die dabei verschwindende Masse kehrt in Form von Energie wieder. Die Art und Weise, wie dieser Aufbau stattfindet, ist aber in beiden Fällen völlig verschieden. Die im Kohlenstoff-Stickstoff-Zyklus stattfindenden Einzelreaktionen sind in Abb. 66 schematisch dargestellt.

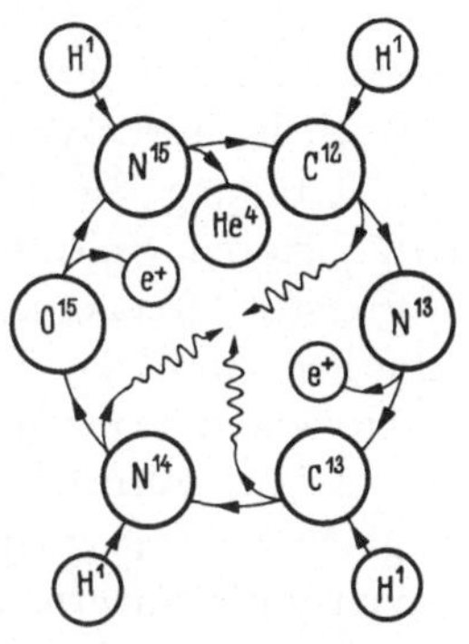

Abb. 66. Kohlenstoff-Stickstoff-Zyklus

Die vier Wasserstoffkerne, aus denen der Heliumkern schließlich entsteht, sind am äußeren Rand des Schemas eingetragen. Beginnen wir den Prozeß mit dem Kohlenstoffkern 12: Dieser wird von einem Wasserstoffkern getroffen, der in ihm steckenbleibt. Damit geht der Kohlenstoffkern 12 in einen Stickstoffkern 13 über. Stickstoffkern 13 ist aber ein instabiles Element. Nach etwa 10 min nämlich verwandelt sich der Stickstoffkern spontan unter Aussendung eines positiven Elektrons in einen stabilen Kohlenstoffkern 13. Wird dieser dann wieder erfolgreich von einem Wasserstoffkern getroffen, so geht er in einen Stickstoffkern 14 über. Dieser verwandelt sich nach Beschuß mit einem weiteren Wasserstoffkern in einen Sauerstoffkern 15, der sich ähnlich wie der Stickstoffkern 13 nach wenigen Minuten unter Aussendung von einem positiven Elektron spontan in einen Stickstoffkern 15 verwandelt. Wird schließlich dieser Stickstoffkern von einem vierten Wasserstoffkern getroffen, so verwandelt er sich wieder in einen Kohlenstoffkern 12, stößt dabei aber einen Heliumkern, oder auch, wie die Kernphysiker sagen, ein α-Teilchen aus. Wir sind damit wieder am Ausgang der zyklischen Reihe von Kernprozessen angekommen. Die vier hereingesteckten Wasserstoffkerne haben sich in einen Heliumkern 4 verwandelt. Die an diesem Aufbau beteiligten Kohlenstoff-Stickstoffkerne haben sich wieder zurückgebildet und stehen von neuem unverändert zur Verfügung. Sie haben, wie man in der Chemie sagt, nur als Katalysatoren gedient. Die bei dem Aufbau des Helium aus Wasserstoff freiwerdende Energie wird in Form von zwei schnellen positiven Elektronen und zwei sehr kurzwelligen Lichtquanten, sogenannten γ-Quanten, abgestrahlt. Die einzelnen, den Zyklus ausmachenden Prozesse dauern sehr verschieden lang. Diese Zeiten entsprechen je nach den besonderen Bedingungen im Sonneninnern, nämlich einer Temperatur von 15 Millionen Grad und einer Dichte der Materie von etwa 100 g im Kubikzentimeter. Der ganze Zyklus, d. h. der Aufbau eines Heliumkerns aus vier Wasserstoffkernen nimmt etwa 50 Millionen Jahre in Anspruch. Daß trotz dieses langsamen Ablaufs der Reaktion eine so unvorstellbar große Energiemenge im Sonneninnern entwickelt wird, hat seinen Grund in der außerordentlich großen Zahl von Atomkernen, die gleichzeitig diesen Prozeß durchlaufen und Wasserstoff unter Energieabgabe zu Helium verbrennen.

Ein weiterer Prozeß, der im Sonneninnern neben dem Kohlenstoff-Stickstoffprozeß abläuft, ist der Proton-Proton-Zyklus, bei dem der Aufbau des Helium aus Wasserstoff ohne Mitwirkung eines Katalysators vor sich geht. Er verläuft so:

Wasserstoffkern 1 $+$ Wasserstoffkern 1
$\to$ schwerer Wasserstoffkern 2 $+$ Positron
$+$ γ-Strahlung

Schwerer Wasserstoffkern 2 $+$ Wasserstoffkern 1
$\to$ Heliumkern 3 $+$ γ-Strahlung

Heliumkern 3 $+$ Heliumkern 3 $\to$ Heliumkern 4
$+$ 2 Wasserstoffkerne 1.

Die Energiemenge, die dieser Prozeß liefert, dürfte bei der Sonne etwa ebenso groß sein, wie die vom Kohlenstoff-Zyklus kommende. Für kühlere Sterne als die Sonne wird jedoch der Proton-Proton-Prozeß der Hauptlieferant sein, während für heißere Sterne als die Sonne der Kohlenstoff-Stickstoffzyklus der wirksamere ist.

9. Radiowellen von der Sonne

Die Entdeckung. Die Vorstellung, daß Himmelskörper Radiowellen aussenden könnten, ist schon alt. Kurz nach der Entdeckung der Radiowellen durch Heinrich Hertz wurde zum erstenmal vermutet (1893), daß die Sonnenkorona Radiowellen ausstrahlt, denn man glaubte, daß sie eine elektrische Entladung von riesigen Ausmaßen sei. Einige Jahre später versuchte man dann in Frankreich und England, die Sonne zu „empfangen". Doch die Empfänger waren völlig unzureichend für diesen Zweck. Sie erreichten die erforderliche Empfindlichkeit erst nach dem ersten Weltkrieg. Doch dann hatte man offenbar die kosmischen Radiowellen vergessen.

Die Radiowellen von der Sonne wurden erstmalig 1937 beobachtet. Die Beobachter erkannten damals jedoch ihre Herkunft nicht. Die eigentliche Entdeckung der solaren Radiowellen erfolgte 1942 in England mit einem Radargerät zur Anpeilung von Flugzeugen. Trotz der erschwerenden Kriegsumstände breitete sich diese Neuigkeit wie ein Lauffeuer aus. Unmittelbar nach Kriegsende setzte dann eine ungeheure Entwicklung des mit Radioastronomie bezeichneten neuen Forschungsgebietes ein. Nicht zuletzt wurde diese neuartige Anwendung der Hochfrequenztechnik sehr durch die Möglichkeit gefördert, vorhandenes Kriegsfunkmeßgerät aus Deutschland, England und Australien zu verwenden. Deutschland selbst konnte bis 1950 an dieser Entwicklung nicht teilnehmen. Heute, 12 Jahre nach der Entdeckung der Radiostrahlung der Sonne, ist die Radioastronomie ein selbständiges Forschungsgebiet geworden. Es gibt zahlreiche, über die ganze Erde verstreute Radioobservatorien. Die laufend in dieses Forschungsgebiet investierten Mittel sind fast von gleicher Größe wie für die astronomische Forschung. Die Zahl der radioastronomischen Veröffentlichungen macht heute schon einen merklichen Bruchteil der astronomischen und astrophysikalischen Literatur aus.

Radiowellen und Lichtwellen. Bevor wir uns genauer mit den kosmischen Radiowellen abgeben, mag noch ein Hinweis auf ihr Verhältnis zu den optischen Lichtwellen angebracht sein. Seit Heinrich Hertz wissen wir, daß Licht- und Radiowellen ihrer Natur nach gleich sind und sich nur in ihren Quellen und ihrer Wellenlänge oder auch ihrer Frequenz (Anzahl der Schwingungen in der Sekunde) unterscheiden. Die Abstimmskala der Abb. 67 gibt über Wellenlänge und Frequenz aller uns bekannten Strahlungen Auskunft. Das ganze Gebiet der Röntgenstrahlen, das extreme Ultraviolett und ein Teil des Ultravioletts wird durch den Sauerstoff und den Stickstoff der Erdatmosphäre schon in einer Höhe über 100 km verschluckt, erreicht also den Erdboden nicht, selbst nicht die höchsten Bergesgipfel.

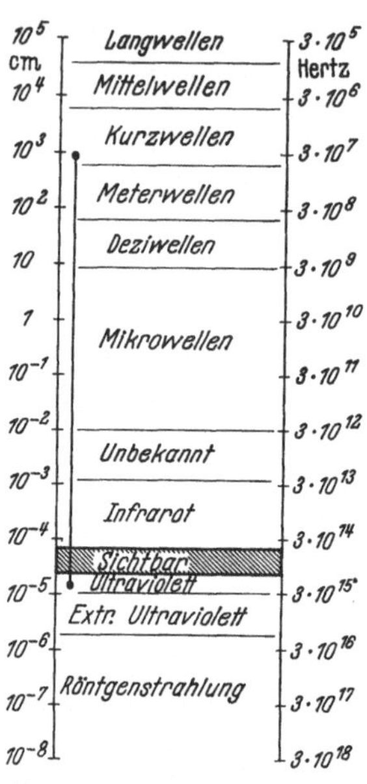

Abb. 67. Abstimmskala der Wellenlänge der bekannten Strahlungen

Das eigentliche durchsichtige Spektralfenster unserer Atmosphäre erstreckt sich fast genau auf den Wellenlängenbereich, in dem auch unser Auge empfindlich ist, nämlich von 4000—7000 Ångström oder $^4/_{100000}$—$^7/_{100000}$ cm. In diesem Bereich sind alle uns bekannten Farbtöne untergebracht. An der roten, d. h. langwelligen Seite dieses Fensters setzt dann die schwächende Wirkung des Wasserdampfes der Erdatmosphäre ein, die erst wieder bei einer Wellenlänge von etwa 1 cm ganz aufhört, sich also bis zu den kürzesten Radiowellen erstreckt. Das Atmosphärenfenster für Radiowellen reicht etwa von 1 cm bis zu 15 m. Für noch längere Wellen wird die Ionosphäre undurchlässig, jene Schicht in 100 km Höhe, die die Radiowellen unserer Sender zurückwirft und sie trotz ihrer gradlinigen Ausbreitung um die Erde herumleitet (vgl. S. 142). Eine ideale Strahlungsquelle, wie der

Physiker sagt: ein schwarzer Körper oder ein Hohlraumstrahler, sendet, wenn er nur genügend heiß ist, alle die in der Skala der Abb. 67 vermerkten Strahlungen aus, wenn auch die Strahlungsstärke in den verschiedenen Wellenlängen sehr unterschiedlich ist. Selbst ein glühender eiserner Ofen sendet gleichzeitig sichtbares Licht, Radiowellen, sowie auch ein wenig ultraviolettes Licht und Röntgenstrahlung aus. Wie sich die Strahlungsstärken über die Wellenlängen verteilen, wird im wesentlichen durch die Temperatur des Strahlers bestimmt.

Wir wissen heute, daß die Sonne nahezu ein solcher idealer Strahler ist. Wir wissen dies, obgleich wir am Erdboden die Sonnenstrahlung nur durch ein paar enge Fenster in der großen Wellenlängenskala beobachten können, als ob unser Strahlungsempfänger nur an einigen engen Bereichen der Wellenlängenskala funktionierte, und obgleich wir für die verschiedenen Wellenlängenbereiche ganz verschiedenartige Empfangsgeräte verwenden müssen. Für die Röntgenstrahlung und für das extreme Ultraviolett sind wir sogar auf Messung durch Raketen in Höhen über 100 km angewiesen. Für das sichtbare Spektralgebiet können wir unsere Augen benutzen sowie Fernrohre, Photozellen und photographische Platten. Im Ultraroten gibt es andere Schwierigkeiten. Das wenige, was der Wasserdampf noch durchläßt, muß mit besonderen Photozellen gemessen werden. Im Gebiet der Radiowellen schließlich nehmen die Strahlungsempfänger die Gestalt von Antennen an und elektronischen Geräten, die mit diesen verbunden sind.

Radioteleskope. Ein Meßgerät für kosmische Radiostrahlung nennt man ein Radioteleskop oder ein Radiofernrohr. Der Ausdruck Fernrohr ist ein wenig irreführend. Während man nämlich in einem optischen Fernrohr ein Bild des betrachteten Gegenstandes zu sehen bekommt, gibt ein aus Antenne und Empfänger bestehendes Radiofernrohr kein Bild des Strahlung aussendenden Gegenstandes, sondern nur die Gesamtstrahlungsstärke dieses Senders am Orte des Empfängers, etwa so, wie ein Belichtungsmesser nicht das Bild des zu photographierenden Gegenstandes gibt, sondern nur dessen gesamte Lichtstärke. Wollte man mit einem Radioteleskop ein „Bild" des Radiowellen aussendenden Himmelskörpers erhalten, so muß man mit ihm den Sender Punkt für Punkt abtasten. Man muß etwa so vorgehen, als ob man mit einem Belichtungsmesser ein Bild aufnehmen wollte, indem man nämlich die Helligkeiten der Elemente des Bildes einzeln und nacheinander mißt und die Meßwerte dann mosaikartig zu einem Bild zusammensetzt.

Um das mit einem Radioteleskop erreichen, muß man also die Antenne mit einer starken Richtwirkung ausstatten, so daß sie jeweils nur aus einem engen Kegel empfängt. Wollte man etwa die Sonne mit einem solchen Kegel abtasten, so müßte sein Winkeldurchmesser wesentlich kleiner sein als derjenige der Sonne, von der Erde aus gesehen. Das zu erreichen, ist sehr schwierig und ist das instrumentelle Hauptproblem der Radioastronomie.

Radioteleskope bilden unscharf ab. Bei einem optischen Fernrohr ist der kleinste noch ausblendbare Lichtkegel, der also die Schärfe des im Brennpunkt photographierbaren oder beobachtbaren Bildes oder das Auflösungsvermögen des Fernrohres definiert, durch das Verhältnis von der Wellenlänge des Lichtes und dem Durchmesser des Fernrohrobjektives bestimmt. So vermag ein gutes Fernrohrobjektiv von 10 cm Durchmesser im grünen Licht (Wellenlänge etwa $^5/_{100000}$ cm) noch einen Winkel aufzulösen, den ein Zweimarkstück in 10 km Abstand bilden würde. Dieses begrenzte Auflösungsvermögen eines Fernrohres ist eine unmittelbare Folge der Wellennatur des Lichtes und kann also bei gegebener Fernrohröffnung und Lichtwellenlänge nicht mehr verbessert werden. Der kleinste noch erkennbare Strahlungskegel wird durch die Beugung der Lichtwellen an der Öffnung des Fernrohres bestimmt, und zwar derart, daß

$$\frac{\text{Kegelöffnung}}{\text{(Auflösungsvermögen)}} = \frac{\text{Wellenlänge}}{\text{Fernrohrdurchmesser}}$$

ist. Für ein Radioteleskop ist die Wellenlänge im allgemeinen millionenfach größer als beim Licht. Also muß auch der Durchmesser des kleinsten Kegels millionenfach größer sein. Wollte man daher mit einem Radioteleskop einen so engen Abtaststrahl erzielen, wie das mit einem Lichtfernrohr möglich ist, so müßte man nach der obigen Formel statt 10 cm Öffnung eine solche von etwa 100 km verwenden! Selbst die größten Radioteleskope —

man hat es inzwischen auf Öffnungen von 80 m gebracht — sind daher viel schlechter als die primitivsten optischen Fernrohre.

Das Prinzip eines Radioteleskops ist einfach: Ein Hohlspiegel aus Metall, der auf eine beliebige Richtung im Raum ausgerichtet werden kann, sammelt die einfallenden Radiowellen und bündelt sie in einem Brennpunkt. Die dort konzentrierte Strahlung wird von einem kleinen Dipol aufgefangen und über eine Energieleitung zum Empfänger geführt. Dieser verstärkt das empfangene Signal derart, daß seine Stärke an einem Anzeigeinstrument abgelesen werden kann. Um die ganze Anlage zu eichen und nicht ein Opfer irgendwelcher Launen des sehr komplizierten Empfängers zu werden, kann man den Empfänger wahlweise an den Spiegel und an einen Hilfssender anschließen. So

Abb. 68. Radioteleskop für 11 cm Wellenlänge (Fraunhofer Institut)

kann man die Strahlungsstärke der Sonne mit derjenigen des unveränderlichen Hilfssenders vergleichen. Ein so konstruiertes Radioteleskop ist in der Abb. 68 wiedergegeben.

An Stelle des Sammelspiegels kann man aber auch ein System von zusammengeschalteten Einzelantennen verwenden. Man tut dies insbesondere für Wellenlängen über 50 cm. Ein einfaches Beispiel eines solchen Antennensystems ist in der Abb. 69 dargestellt. Radiospiegel und Antennensystem sind im allgemeinen parallaktisch montiert. Sie sitzen also auf einer Drehachse parallel zur Erdachse. Dann braucht man, um das Teleskop der täglichen Bewegung eines Himmelskörpers nachzuführen, nur diese eine Achse zu drehen.

Interferometer. In vielen Fällen reicht das Auflösungsvermögen der Radioteleskope nicht aus; der Raster, mit dem man die Sonnenscheibe oder auch unsere Milchstraße abtasten kann, ist nicht fein genug. Wir sahen schon, daß die Feinheit des Rasters durch die Größe des Radiospiegels oder des Antennensystems bestimmt ist. Doch kann man den Durchmesser wohl kaum über

Abb. 69. Parallaktisch montiertes Richtantennensystem (Yagi)

100 m bringen. Überlegt man sich jedoch die Beugung der Radiowellen an der Rundung des Spiegels oder der Antennenfläche etwas genauer, so findet man, daß man praktisch auch dann die optimale Auflösung erzielt, wenn man nur kleine Teilstücke am Außenrand eines (gedachten) großen Hohlspiegels zum Einfangen der Radiowellen verwendet, und die von diesen beiden Teilspiegeln zurückgeworfenen Wellen entsprechend zusammenführt und in einen einzigen Empfänger leitet. Solche sogenannten Interferometer, bei denen man also die Beugung der Wellen sozusagen überlistet hat, gibt es heute bis zu Spiegelabständen von mehreren Kilometern. Diese Geräte können dann tatsächlich etwa das theoretische Auflösungsvermögen eines einzelnen Radiospiegels von mehreren Kilometern Durchmesser erreichen. In der

Abb. 70 ist ein aus 30 Einzelspiegeln bestehendes Interferometer wiedergegeben.

Das kosmische Radioprogramm. Der Radioastronom, der seinen Riesenspiegel in den Himmel richtet, mag wohl manchmal davon träumen, ein von Menschenhand ausgesandtes Signal von einem fernen Himmelskörper zu empfangen. Nachdem es

Abb. 70. Radiointerferometer für 21 cm Wellenlänge (Sydney)

gelungen ist, ein Radiosignal von der Erde zum Mond zu senden und nach zwei Sekunden das Echo von der Mondoberfläche zurückzubekommen, scheint wenigstens die technische Seite dieses Unternehmens nicht ganz aussichtslos. Doch offenbar fehlen die geeigneten kosmischen „Gesprächspartner". Denn was der Astronom im Lautsprecher seines auf die Sonne oder auf die Milchstraße gerichteten Radioteleskops vernimmt, ist nur ein sanftes Rauschen, das sich gelegentlich zu einem mehr knackenden Geräusch verstärkt.

Beschränken wir uns zunächst auf die Sonne: In Zeiten ohne Sonnenflecken sendet sie eine sehr gleichmäßige Radiostrahlung aus, deren Stärke jedoch von der Wellenlänge abhängt, auf die man den Empfänger des Radioteleskops abgestimmt hat. Man beobachtet heute diese „ungestörte" Sonnenstrahlung im Wellenlängenbereich von etwa 1 cm (30000 MHz) bis zu etwa 15 m

135

(20 MHz). Der Ursprung dieser Strahlung ist von der gleichen Art wie die kontinuierliche Lichtstrahlung der Sonne und auch von gleicher Art, wie sie von jedem glühenden festen Körper ausgesendet wird. Die Stärke dieser Strahlung hängt allein von der Temperatur des aussendenden Körpers ab.

Die Radiosonne ist größer als die Lichtsonne. Eines ist allerdings bei der Radiostrahlung der Sonne anders als bei ihrer Lichtstrahlung: Während man im grünen und roten kontinuierlichen Teil des Sonnenspektrums etwa gleich tief in die Sonnenatmosphäre hineinsieht, also stets das Photosphärenniveau zu sehen bekommt, kann man mit verschieden langen Radiowellen in ganz verschiedene Tiefen der Sonnenatmosphäre vordringen. Die Zentimeterwellen (3 bis etwa 15 cm) reichen ähnlich wie das weiße Licht gerade bis in die Photosphäre hinunter, also in das Niveau der Granulation und der Sonnenflecken. Dementsprechend wird die Stärke der ungestörten Zentimeterwellen durch die Photosphärentemperatur von etwa 6000° bestimmt. Die Nachprüfung hat dieses bestätigt. Die Wellenlängen über 50 cm werden sehr viel stärker von den ionisierten Gasen der Sonnenatmosphäre geschwächt. Sie können daher nur noch ungehindert aus der verdünnten Korona der Sonne in den Raum hinaustreten. Demzufolge muß die Stärke dieser Strahlung der hohen Temperatur des Koronagases von etwa 1 Million Grad entsprechen. Auch diese Vermutung hat sich bewahrheitet. Während man also im Bereiche der Lichtwellen die Sonnenkorona infolge ihrer Lichtschwäche nur mit großen Anstrengungen und nur am Sonnenrand sichtbar machen kann, überstrahlt sie mit ihren Radiowellen die Sonne ganz beträchtlich. Da die Korona weit in den Raum hinausreicht, erscheint uns die Radiosonne also größer als die Lichtsonne.

Bedenkt man ferner, daß die Radiowellen ungehindert eine Wolkendecke durchdringen, so erkennt man die großen Vorteile, die die wetterunabhängige Radiobeobachtung der Sonnenkorona gegenüber der optischen hat. Jedoch wird es noch vieler technischer Vorarbeit bedürfen, bis wir ein unverfälschtes Radiobild der Sonnenoberfläche und der Sonnenkorona auffangen können.

Solare Radioausbrüche. Neben der ungestörten und unveränderlichen Radiostrahlung der Sonne sendet diese auch eine

Strahlung sehr veränderlicher Stärke aus, gelegentlich millionenfach stärker als die ruhige Strahlung. Die veränderliche Strahlung hängt eng mit den verschiedenen Phänomenen der Sonnenaktivität zusammen, also den Sonnenflecken, Fackeln, Eruptionen und Veränderungen in der Korona. Zum Teil handelt es sich um eine im Laufe von mehreren Tagen an- und wieder abschwellende Intensität, gelegentlich aber auch um Sekunden, Minuten oder Stunden andauernde, sehr kräftige Strahlungsausbrüche, die im Sprachgebrauch der Radioastronomen die Bezeichnung Burst

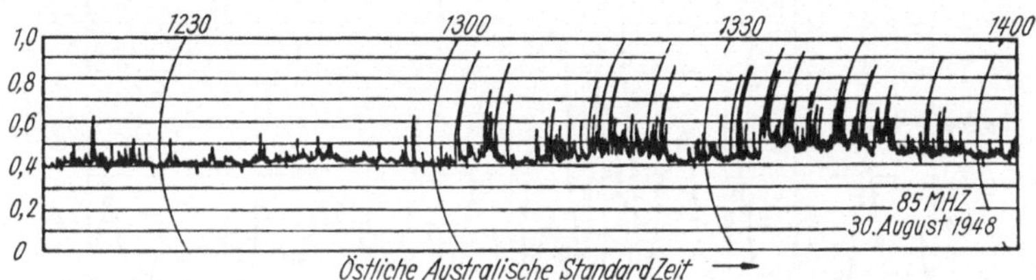

Abb. 71. „Angeregte" Radiostrahlung der Sonne. Registrierung von 12.15 bis 14.00 Uhr

oder Outburst bekommen haben. Die Bursts können isoliert oder auch in Gruppen auftreten. In der Abb. 71 sieht man eine Registrierung der Strahlungsstärke auf einer Wellenlänge von 3,50 m (85 MHz). Ihrer Wellenlänge entsprechend muß diese Strahlung also aus der Korona stammen. Man erkennt zahlreiche plötzliche Intensitätsanstiege, deren Dauer nur wenige Sekunden beträgt.

Bei sehr kurzen Wellen, etwa bei 10 cm (300 MHz), wird die Intensität der Strahlung im allgemeinen etwas ruhiger, doch ändert sie sich von Tag zu Tag. Die Dauerregistrierung der Strahlungsstärke auf dieser Wellenlänge ergab, daß sie sich parallel zur Häufigkeit der Sonnenflecken ändert. Wie die Abb. 72 zeigt, ist die Korrelation zwischen der 10 cm-Welle der Sonne und der Fleckenrelativzahl so gut, daß man aus ihr auch bei bedecktem Himmel verhältnismäßig sichere Angaben über die jeweilige Häufigkeit der Sonnenflecken machen kann.

Die größte Strahlungsstärke erreichen die meist vereinzelt auftretenden sogenannten Outbursts. Häufig, aber nicht immer stehen sie im Zusammenhang mit dem Auftreten der chromosphärischen Eruptionen (vgl. S. 94), wie man sie mit dem Spektrohelioskop

beobachtet. Die Intensität dieser Strahlungsausbrüche kann so
groß sein, daß man sie mit einem gewöhnlichen UKW-Empfänger
aufnehmen kann. Bemerkenswert ist, daß derselbe Strahlungs-
ausbruch in verschiedenen Wellenlängen zu verschiedenen Zeiten
auf der Erde ankommt.

Während zunächst auf einer Wellenlänge von 1,50 m (200 MHz)
ein plötzlicher Intensitätsanstieg erfolgt, kommt der Anstieg auf

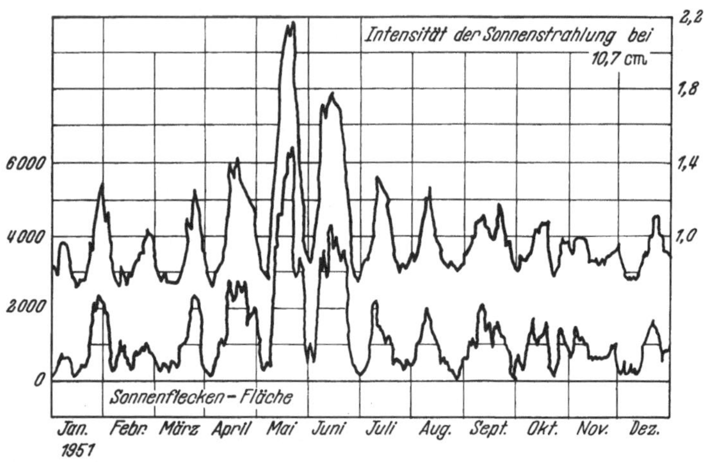

Abb. 72. Stärke der Sonnenstrahlung bei 10,7 cm Wellenlänge (oben) und
Fläche der Sonnenflecken (unten)

3 m Wellenlänge (100 MHz) ganze zwei Minuten später und auf
5 m Wellenlänge (60 MHz) sogar etwa 6 Minuten später. Bedenkt
man, daß entsprechend ihrer Schwächung in der Sonnenatmosphäre diese drei Wellenlängen aus bestimmten Höhenniveaus
kommen müssen, so muß man folgern, daß sich der Sender oder
die Quelle dieses Strahlungsausbruchs mit einer Geschwindigkeit von etwa 500 km in der Sekunde von der Sonnenoberfläche
entfernt hat. Seit einigen Jahren gelingt es auch, solche Auf-
stiege von Outburstquellen in der Sonnenkorona mit großen
Radiointerferometern zu verfolgen. Der indirekt aus der in verschiedenen Wellenlängen registrierten Zeitverzögerung des Outburst erschlossene Aufstieg der Quelle in der Sonnenkorona
konnte also durch direkte interferometrische Ortsmessungen bestätigt werden.

138

Während die Deutung der ungestörten Radiostrahlung der Sonne als natürliche Eigenschaft eines jeden hochtemperierten Körpers keine großen Schwierigkeiten mehr bereitet, haben die Strahlungsbursts den Radioastronomen beträchtliches Kopfzerbrechen verursacht. Ihre Sendestärke ist so groß, daß sie keinesfalls mehr als thermische Eigenschaft der Sonnenmaterie verstanden werden kann. Vielmehr kann diese intensive Radiostrahlung im Gegensatz zur schwachen, ungestörten Sonnenstrahlung, die der ungeordneten, wahren Bewegung der Elektronen in der Sonnenatmosphäre entspringt, nur von einer geordneten Bewegung der Elektronen herrühren, die sich also der ungeordneten thermischen überlagern müßte. Die Verhältnisse in einem so intensiven kosmischen Sender können daher mehr mit denjenigen verglichen werden, die man in unseren Radiosendern künstlich herbeiführt, indem man nämlich die Elektronen zu schwingenden Bewegungen auf bestimmten geordneten Bahnen (Spulen, Elektronenröhren und Leitungen) zwingt. Im einzelnen weiß man noch recht wenig über den Mechanismus dieser Strahlungserzeugung. Doch scheint es, als ob die Begegnung verschiedener rasch bewegter Materieströme oder Druckwellen und die Wechselwirkung der in diesen Gasströmen mitgerissenen Elektronen und positiven Ionen die entscheidende Rolle spielt. Denn nicht nur im Laboratorium kann man Radiowellen durch das Hereinschießen eines Elektronenstroms oder einer Druckwelle in ein Gas erzeugen, sondern auch auf der Sonne und weit draußen im Weltraum gibt es zahlreiche Beobachtungen, die darauf hinweisen, daß überall dort, wo sich Materie rasch bewegt, kräftige Radiowellen ausgesendet werden.

Von der Sonne gehen gelegentlich rasche Materieströme aus. Treffen diese die Erde, so können sie deren Magnetfeld empfindlich stören (vgl. S. 145). Diese Korpuskularströme bestehen aus Protonen und Elektronen. Die kräftigeren unter ihnen werden offenbar in der Umgebung von Sonnenflecken ausgesendet. Es hat sich gezeigt, daß diese Korpuskularstrahlung nur dann auftritt (und nur dann das erdmagnetische Feld stören kann), wenn der zugehörige Sonnenfleck gleichzeitig Quelle einer kräftigen Radiostrahlung ist. Diese Beobachtung weist darauf hin, daß die Korpuskularstrahlung an der Erzeugung der Radiowellen beteiligt sein muß oder jedenfalls immer zusammen mit den Radiowellen erzeugt wird. Durch laufende Registrierung der Radiowellen kann man auf diese Weise sogar voraussagen, ob mit solarer Korpuskularstrahlung bzw. mit erdmagnetischen Störungen gerechnet werden muß oder nicht, denn die Radiowellen kommen einen Tag früher als die Korpuskelstürme auf der Erde an.

Der Umfang dieses Büchleins reicht nicht aus, um den umfaßlichen Gewinn an Erkenntnissen über den Aufbau unseres Sternsystems zu beschreiben, den die Radioastronomie in den letzten 5 Jahren gebracht hat. Und immer noch hat die Entwicklung der Radioastronomie einen fast lawinenartigen Charakter. Sie hat sich zu einem leuchtenden Beispiel für die sinnvolle Zusammenarbeit verschiedener Forschungszweige entwickelt: der Physik, Astrophysik und Hochfrequenztechnik.

10. Sonne und Erde

Die Sonne wärmt die Erde. Was wären wir ohne unsere Sonne! Alle Vegetation auf der Erde, das ganze Wettergeschehen mit seinen segensreichen wie auch verheerenden Wirkungen, alle Energievorräte der Erde, die wir nutzen — Wind, Wasserfälle, Holz, Kohlen, Öle und Benzin —, sind Umwandlungsprodukte der dauernd einfallenden Energie der Sonnenstrahlung. Unser Planet wäre unbelebt, öd und leer ohne das Sonnenlicht, das nun schon seit mindestens einer Milliarde von Jahren die Erde nahezu unverändert bescheint, wie wir aus den ältesten fossilen Spuren organischen Lebens schließen müssen.

Energiebilanz. Dort, wo das Sonnenlicht senkrecht einfällt, trifft etwa eine Energiemenge von 1 Kilowatt auf den Quadratmeter, oder in anderen Einheiten etwa 2 g cal je cm² und min. Da die Temperatur des Erdballs sich im Mittel nicht ändert, so muß also die Erde, wenn man den Durchschnitt über einen längeren Zeitraum nimmt, genau so viel Wärmeenergie wieder in den Weltraum hinausstrahlen, wie sie von der Sonne empfängt. Dieser Schluß ist unabhängig davon, was mit der auf die Erde treffenden Sonnenenergie im einzelnen geschieht: ob sie nämlich Wasser verdunstet und auf diese Weise große Wasserfälle im Gange hält, oder ob sie durch ungleichförmige Erwärmung von Land und Wasser Wind-

oder Meeresströmungen erzeugt. Stets ist das Endprodukt solcher Vorgänge wieder Wärmeenergie, die unserer Atmosphäre und der Erdoberfläche zugeführt wird. Genau so wie die Sonnenwärme nur in Form von Strahlung zur Erde gelangen kann, kann die Erde ihre Wärmeenergie auch nur in Form von Strahlung wieder hergeben, denn im leeren interplanetaren Raum kann sich nur elektromagnetische Strahlung ausbreiten. Die einfallende Sonnenstrahlung unterscheidet sich jedoch wesentlich von der die Erde verlassenden Strahlung; nicht in ihrem Energiegehalt — der ist im Durchschnitt genau der gleiche —, sondern in ihrer Qualität. Während das Sonnenlicht weißlich erscheint und seine stärkste Intensität im grünen Spektralbereich hat, liegt die von der Erdoberfläche und der Erdatmosphäre zurückgelieferte Strahlung entsprechend ihrer niedrigen Temperatur weit im ultraroten Spektralgebiet. Sie ist unsichtbar für uns, und trotz ihres gleichen Energiegehaltes ist diese Strahlung weniger wertvoll, weniger nutzbar. Man könnte mit ihr die Wettermaschinerie der Erde nicht mehr in Gang halten. Der Physiker sagt, die Entropie dieser Strahlungsenergie hat zugenommen, oder auch ihr thermodynamischer Wirkungsgrad hat abgenommen.

Da die Rotationsachse der Erde nicht senkrecht auf der Bahnebene der Erde (Ekliptik) steht, bekommt im Laufe eines Jahres einmal ihre Südhalbkugel und einmal ihre Nordhalbkugel mehr Sonne ab, wodurch der Rythmus der Jahreszeiten zustande kommt. Die Tatsache, daß die Erde die Sonne auf einer Ellipse umläuft, ihren Abstand zur Sonne also dauernd ändert, spielt hierbei nur eine untergeordnete Rolle. Das Wettergeschehen im großen wird so durch die zeitlich periodisch schwankende Besonnung der verschiedenen Breitenbereiche der Erde erzeugt, durch die ungleichförmige Erwärmung von Meer und Land sowie durch die sich hieraus ergebenden großräumigen Meeres- und Luftströmungen. Daß trotz des jahresperiodischen Charakters der Besonnung selbst das Großwetter von Jahr zu Jahr sehr verschieden ausfallen kann, liegt daran, daß ja jedes neue Jahr nicht mit den gleichen meteorologischen Anfangsbedingungen startet. Vielmehr haben wir es mit einem mehr oder weniger chaotischen Vorgang zu tun, der nur regelmäßig mit Energie versorgt wird. Über mehrere Jahre laufende Abweichungen des

Großwetters von der Norm brauchen daher noch nicht unbedingt auf Schwankungen unseres Energielieferanten Sonne zurückgeführt zu werden. Auch bei vollkommen gleichmäßig strahlender Sonne müßten wir mit Großwetterkatastrophen rechnen wie Dürreperioden oder Überschwemmungen in großen Gebieten.

Großwetter und Sonnenaktivität. Dennoch besteht kein Zweifel, daß gewisse typische Großwettervorgänge auf der Erde mit Vorgängen auf der Sonne zusammenhängen.

Es ist jedoch bis heute ungeklärt, ob die Auslösung dieser Vorgänge durch eine Schwankung der „Solarkonstante" erfolgt, deren Messung noch nicht mit genügender Genauigkeit durchführbar ist, oder ob eine andere für uns unsichtbare Strahlung der Sonne steuernd in den Ablauf des Großwetters eingreift. Eine Klärung dieser komplizierten Zusammenhänge könnte zweifellos die Sicherheit der Langfristprognose des Großwetters erhöhen.

Funkverkehr und Sonnenflecken. Sehr viel ausgeprägter und eindeutiger sind die Zusammenhänge zwischen den veränderlichen Vorgängen auf der Sonne und der Güte der Funkverbindungen auf der Erde. Da sich die von einem Radiosender ausgestrahlten Radiowellen genau so gradlinig ausbreiten wie Lichtstrahlen, sollte ein Sender, der sich hinter dem Horizont befindet, eigentlich nicht mehr hörbar sein. Daß wir dennoch Radiowellen um den ganzen Erdball herumschicken können, liegt an den ionosphärischen Schichten unserer Erdatmosphäre, die in Höhen zwischen 100 und 300 km Höhe über dem Erdboden liegen und sich für die Radiowellen wie Spiegelflächen verhalten, diese also nicht in den Weltraum herauslassen, sondern zur Erde zurückwerfen.

Diese inosphärischen Schichten unterscheiden sich chemisch kaum von der übrigen Erdatmosphäre. Im Gegensatz zu den tieferen Teilen der Atmosphäre sind sie jedoch der ungeschwächten intensiven Ultraviolett- und Röntgenstrahlung der Sonne ausgesetzt. Durch diese Bestrahlung werden aus vielen Stickstoff- und Sauerstoffatomen Elektronen herausgeschlagen, die nun selbständig herumvagabundieren. Das Gas ist ionisiert. Ein solches ionisiertes Gas hat in elektrischer Hinsicht nahezu die Eigenschaften eines Metalls, es leitet den elektrischen Strom, und zwar um so besser, je stärker das ionisierende kurzwellige Sonnenlicht ist, je mehr Elektronen also aus den Atomen herausgeschlagen werden. Auch die Eigenschaft der Ionosphäre, elektrische Wellen zu reflektieren, hängt von der Zahl der im Kubikzentimeter frei gewordenen Elektronen ab, und so also auch von der Stärke der ionisierenden Sonnenstrahlung. Die Theorie dieses Vorganges zeigt ferner, daß die größte Radiofrequenz (d. h. kürzeste Wellenlänge), die gerade noch von der Inonsphäre zurückgeworfen wird,

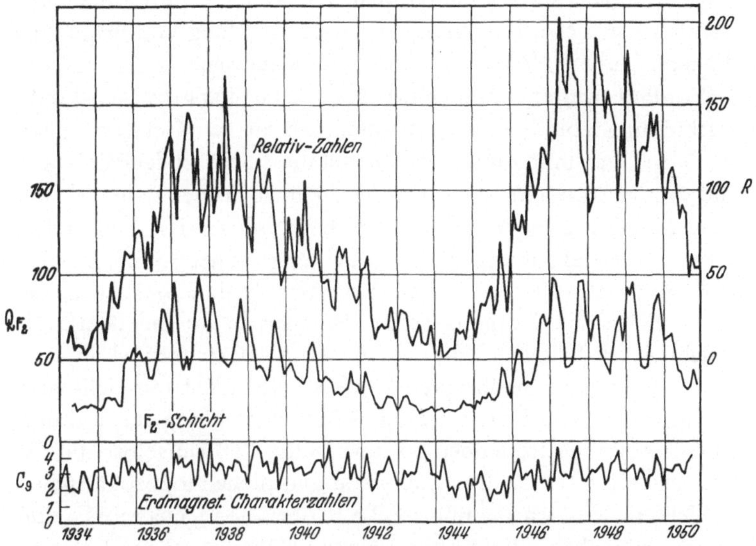

Abb. 73. Ionosphärische Grenzfrequenzen und Fleckenrelativzahlen

die sogenannte Grenzfrequenz, mit der Zahl der Elektronen in der Volumeneinheit der Ionosphäre aufs engste zusammenhängt. Diese Grenzfrequenzen werden an vielen Stellen der Erde fortlaufend registriert. Verfolgt man sie über mehrere Jahre, so stellt man fest, daß sie erstaunlich gut mit den Sonnenfleckenrelativzahlen korreliert sind.

Dieses unerwartete Ergebnis ist von großer praktischer und auch astronomischer Bedeutung. Praktisch heißt es, daß die Funktechniker bei großer Sonnenaktivität mit höheren Frequenzen arbeiten können als im Sonnenfleckenminimum. Astronomisch heißt es, daß die fleckige Sonne mehr Ultraviolett- und Röntgenstrahlung aussendet als die ungestörte Sonne. Wir können die ionisierende Sonnenstrahlung zwar weder sehen noch photographieren — sie

wird in Höhen über 100 km bereits vollkommen absorbiert —,
doch können wir mit großer Sicherheit sagen, daß ein wesentlicher Teil dieser Strahlung in den heißen Chromosphärenwolken,
in der Umgebung der Fleckengruppen, in den Fackeln und von
den heißen Koronastellen über Sonnenflecken erzeugt wird. Die
Ionosphäre hat uns so Kunde von Vorgängen gegeben, die wir
am Erdboden nie werden beobachten können. Für kurze Mo-
mente ist es neuerdings möglich, diese Strahlung von fliegenden
Raketen aus in Höhen über 100 km zu messen.

Funkstörungen. Manchmal setzt eine Langstrecken-Funk-
verbindung vollkommen aus, ohne daß an den Geräten irgend
etwas in Unordnung wäre. Man nennt diese Schwunderscheinung,
die wenige Minuten, aber auch bis zu einer Stunde dauern kann,
den Mögel-Dellinger-Effekt. Das Erstaunliche ist, daß dieser
Effekt ganz und gar von einer Erscheinung auf der Sonne, nämlich
von einer chromosphärischen Eruption (vgl. S. 94) ausgelöst
wird. Folgender Vorgang spielt sich hierbei ab: Bei dem Aufleuchten der Eruption (die wir in einem Spektrohelioskop oder
einem Lyot-Filter beobachten können) wird nicht nur sichtbares
Licht, sondern auch sehr kräftige Röntgenstrahlung ausgestrahlt.
Diese Strahlung ist jedoch so kurzwellig, daß sie selbst die für
die Reflektion der Radiowellen verantwortlichen ionosphärischen
Schichten zwischen 100 und 300 km Höhe (die sogenannte E- und
F-Schicht) unbehindert passiert. Erst in Höhen unter 100 km wird
sie aufgehalten, indem sie dort den neutralen Atomen Elektronen
abstreift, sie ionisiert. Doch sind die Verhältnisse hier anders als
in den höheren ionisierten Schichten. Die Zahl der Atome in der
Volumeneinheit ist wesentlich größer. Während die Elektronen
der höheren Schichten bei ihrem Bemühen, die Radiowellen wieder zur Erde zurückzuwerfen, frei ausschwingen können, stoßen
die hier von den Radiowellen angeschwungenen freien Elektronen
sehr viel häufiger mit Atomen zusamemn und geben somit ihre
Bewegungsenergie an die Atome ab (diese erwärmend), anstatt
sie wieder in Form von Radiowellen auszusenden. Radiowellen
werden hier also nicht zurückgeworfen, sondern gedämpft. Daher
nennt man diese Schicht auch die Dämpfungs- oder D-Schicht.

Diese D-Schicht ist am Tage dauernd vorhanden, wenn auch nur
in geringer Stärke. Beim Aufleuchten einer Eruption verdichtet

sie sich dann in wenigen Minuten so, daß der gesamte Funkverkehr auf der sonnenbeschienenen Hälfte der Erde aussetzt, da
ja alle Wellen, um von den Ionosphärenschichten über den Horizont hinaus um die Erde reflektiert zu werden, durch die D-Schicht
mindestens zweimal hindurch müssen.

Neben diesen plötzlichen Unterbrechungen des Funkverkehrs
gibt es noch langanhaltende Störungen, die Tage dauern können,

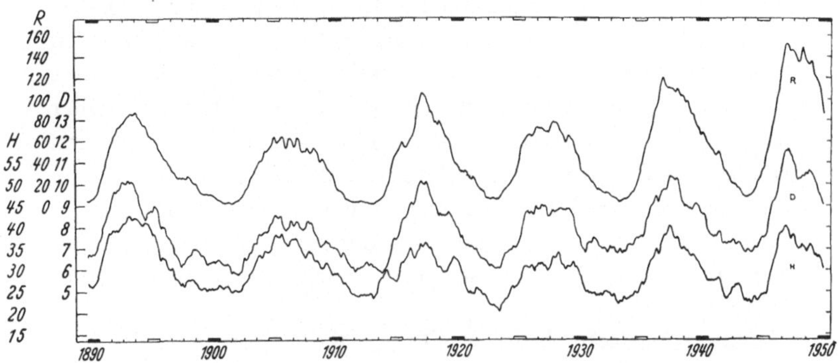

Abb. 74. Sonnenfleckenrelativzahl (oben) und erdmagnetische Unruhe

jedoch im allgemeinen nicht so durchgreifend sind. Meist werden
sie dadurch hervorgerufen, daß die normalen ionosphärischen
Schichten während erdmagnetischer Störungen (vgl. S. 146) deformiert werden und so ihre Reflektionseigenschaften für Radiowellen über Stunden oder Tage so verändern, daß ein normaler
Funkverkehr nicht möglich ist.

Die Sonne stört das Magnetfeld der Erde. Die Erde hat ein
Magnetfeld. Es ist schwächer als die Felder auf der Sonne, doch
reicht es gut aus, um unzählige Kompaßnadeln von Nord nach
Süd zu richten. Mit empfindlichen Geräten kann man feststellen,
daß dieses Feld nicht konstant ist, sondern geringe Änderungen
zeigt, und zwar sowohl eine sehr schwache periodische Änderung
im Verlaufe eines jeden Tages, als auch gelegentlich über Stunden
oder Tage andauernde unperiodische Störungen. Sowohl die
Stärke der Tagesperiode als auch die Häufigkeit und Heftigkeit
der Störungen stehen in engstem Zusammenhang mit der Häufigkeit
der Sonnenflecken. In der Abb. 74 ist der beobachtete Zusammenhang zwischen der Sonnenflecken-Relativzahl und der sogenannten

erdmagnetischen Kennziffer für die letzten 100 Jahre aufgezeichnet. Die erdmagnetische Kennziffer ist ein quantitatives Maß für die Unruhe, die das Erdfeld im Verlaufe eines Tages zeigt. Die Parallelität zwischen den beiden Erscheinungen ist über jeden Zweifel erhaben.

Wie können die Sonnenflecken eine so deutliche Wirkung auf das erdmagnetische Feld ausüben? Die Sonnenflecken selber sind ja Riesenmagneten. Sollte ihr Feld bis zur Erde reichen? Das ist sicher nicht der Fall. Die terrestrische Feldstörung kann nur durch einen Vermittler zwischen Sonne und Erde hervorgerufen werden. Wir wissen heute zuverlässig, daß dieser Vermittler materieller Natur ist, und zwar handelt es sich um sehr verdünnte Ströme und Wolken aus Gas, die mit einer Geschwindigkeit zwischen 400 und 1500 km/sec von der Sonne ausgestoßen werden und die dementsprechend 1 bis 4 Tage von der Sonne zur Erde unterwegs sind. Der Hauptgrund für eine so phantastische Behauptung ist der folgende:

Erdmagnetische Stürme. Die größeren Störungen des erdmagnetischen Feldes — erdmagnetische Stürme genannt — setzen mit weit überzufälliger Häufigkeit etwa 1 bis 2 Tage nach dem Aufleuchten sehr großer chromosphärischer Eruptoinen (vgl. S. 94) vom Typ 3 oder 3 + ein. Diese Verzögerung kann nur die Reisedauer der beim Aufleuchten der Eruption von der Sonne abgeschleuderten Gaswolke sein. Man kann sich weiter überlegen, daß das magnetische Außenfeld der Erde, das wir an der Erdoberfläche messen, nur durch elektrische Ströme verändert werden kann, die irgendwo außerhalb der Erde fließen, so wie eine Kompaßnadel ihre Richtung ändert, wenn ein elektrischer Strom in einen nahen Draht eingeschaltet wird. Wir müssen uns daher den Mechanismus eines erdmagnetischen Sturmes etwa so vorstellen: Die Sonne stößt explosionsartig eine Gaswolke aus — Geschwindigkeit etwa 1500 km/sec —, deren Ausdehnung zunächst klein im Vergleich zur Sonne ist, sich dann aber auf ihrer eintägigen Reise zur Erde außerordentlich ausdehnt. Mit Annäherung an die Erde gelangt die Wolke in deren Magnetfeld. Da das Wolkengas aber ähnlich wie die Sonnenkorona vollkommen ionisiert ist, also nur aus positiven Wasserstoffkernen (Protonen) und freien Elektronen besteht, so benimmt sie sich

elektrisch wie ein großer (allerdings zusammendrückbarer) Metallblock. Und genau wie in einem Metallblock oder einer Drahtspule
ein Strom induziert
wird, wenn man diese
in ein Magnetfeld hin-
einführt, so wird auch
in der elektrisch leiten-
den Wolke ein Strom
vom Magnetfeld der
Erde induziert. Die
Kraft, die vom Erd-
magnetfeld auf diesen
Induktionsstrom ausge-
übt wird, versucht die
Wolke zu bremsen und
hält sie so in einem
gebührenden Abstand
von der Erde. Der so
entstandene Strom er-
zeugt aber auch selbst
ein Magnetfeld, das sich
dem Erdfeld überlagert.
Die so erzeugte Ände-
rung des Feldes ist im
Grunde das, was wir
als erdmagnetische Stö-
rung an der Erdober-
fläche registrieren.

**Korpuskelströme
von der Sonne.** Erdma-
gnetische Stürme sind
verhältnismäßig seltene
Ereignisse. Sehr viel

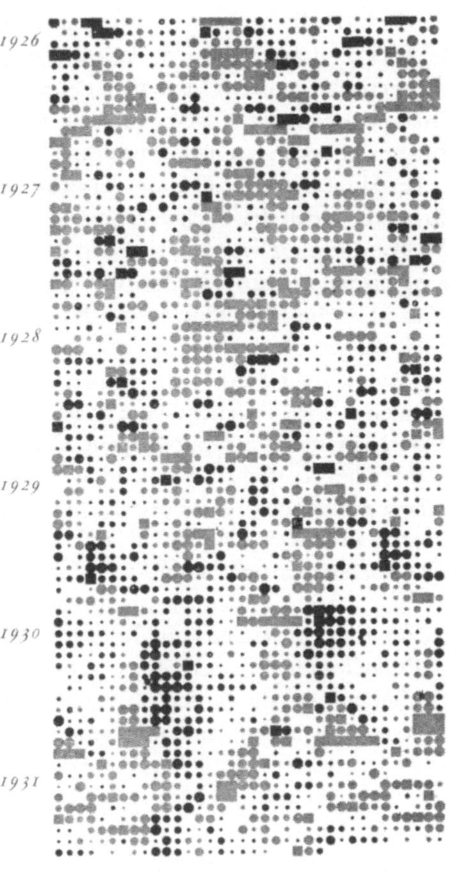

Abb. 75. Die erdmagnetische Unruhe in
27 Tage-Reihen nach Bartels

häufiger sind kleine Störungen des erdmagnetischen Feldes. Diese
haben eine sehr merkwürdige Eigenschaft, die am besten aus dem
„Teppichmuster" der Abb. 75 klar wird. In diesem Teppich hat
Bartels den erdmagnetischen Störungsgrad eines jeden Tages in
Form eines Symbols eingetragen. Die Anordnung des Diagramms

ist so gewählt, daß übereinanderliegende Symbole gerade einer Zeitdifferenz von 27 Tagen (d. h. einer Sonnenrotation von der Erde aus gesehen) entsprechen. Ein Blick genügt, um zu erkennen, daß sich die Mehrzahl der eingetragenen Symbole in senkrechten Gruppen zusammenfügen, daß also viele der eingetragenen erdmagnetisch gestörten (und auch der erdmagnetisch ruhigen) Tage langanhaltende 27 Tage-Sequenzen bilden. Erdmagnetische Störungen pflegen also häufig nach 27 Tagen wiederzukehren.

Im Sinne unserer Theorie der erdmagnetischen Stürme würde das heißen, daß diese schwächeren Störungen nicht durch einzelne Wolken erzeugt werden, sondern durch ständige von der Sonne ausgehende Gasströme, die bei jeder Umdrehung der Sonne erneut über die Erde hinwegstreichen, wie in der Abb. 76 schematisch dargestellt ist.

Obgleich wir diese Korpuskularströme nicht direkt beobachten können — ihre Teilchendichte ist extrem klein —, kann man doch Vertrauen in dieses Modell setzen. Wahrscheinlich sind diese langwährenden Korpuskelströme identisch mit den weit in den Raum hinaus reichenden Koronostrahlen, wie man sie auf der Abb. 33 erkennen kann. Das Magnetfeld der Erde gibt uns so die Möglichkeit, die äußersten unsichtbaren Ausläufer der Sonnenkorona im Raume nachzuweisen, ähnlich wie die Ionosphäre uns Kunde von der unsichtbaren Ultraviolett- und Röntgenstrahlung der Sonne gibt.

Polarlichter. Selbst die wunderbaren nächtlichen Lichterscheinungen, die in den polaren Gebieten der Erde häufig auftreten, werden von der Sonne gespeist. Die Häufigkeit ihres Auftretens verläuft weitgehend parallel mit demjenigen der erdmagnetischen Störungen, so parallel, daß beide die gleiche primäre Ursache haben müssen. Es würde hier zu weit führen, auf die mannigfachen Erscheinungsformen der Polarlichter einzugehen, Systeme leuchtender Strahlen oder Bögen, ruhend oder rasch veränderlich, lange Draperien oder nur flächenhaftes, pulsierendes Leuchten, fast flammenartige Gebilde in ausgeprägten Farben oder auch nur weißlich. Wir haben im einzelnen noch keine zuverlässige Theorie für das Zustandekommen dieser Leuchterscheinungen, die sich etwa in Höhen zwischen 90 und 1000 km abspielen. Aus den Spektren der Nordlichter, die infolge ihrer Lichtschwäche nur mit sehr lichtstarken Spektrographen photographiert werden können, folgt, daß sich ihr Leuchten hauptsächlich auf einige Emissionslinien des Sauerstoffatoms und der Stickstoffmoleküle konzentriert.

Schnelle Wasserstoffkerne von der Sonne. Man hat in intensiven Nordlichtern auch einige Linien des Wasserstoffs beobachtet, der in unserer Atmosphäre ja nur in sehr geringer Konzentration vorkommt. Diese Wasserstofflinien nun erscheinen im Spektrum aus ihrer Normallage nach dem Violetten hin verschoben. Diese Verschiebung kann nur gedeutet werden als sogenannter Doppeleffekt, also als Folge einer großen Geschwindigkeit, die die leuchtenden Wasserstoffatome besitzen, und zwar auf den Beobachter zu. Es ergeben sich Werte zwischen 2000 und 3500 km/sec, vielleicht auch noch größere Geschwindigkeiten. Dieses Ergebnis ist deswegen so wichtig, weil es den einzigen *direkten* Nachweis bildet für die Existenz schneller solarer Korpuskeln, die also für erdmagnetische Störungen und Polarlichter in gleicher Weise verantwortlich sind. Es mag noch erwähnt werden, daß es — auf dieser Beobachtung der verschobenen Wasserstofflinien im Nordlichtspektrum aufbauend — auch gelungen ist, die charakteristischen Züge des Nordlichtspektrums im Laboratorium durch Einschießen von Wasserstoffkernen mit der obigen Geschwindigkeit in Luft künstlich zu erzeugen.

Ein vorläufiger Schönheitsfehler des dargestellten Mechanismus ist noch, daß die aus dem Spektrum erschlossene Geschwindigkeit

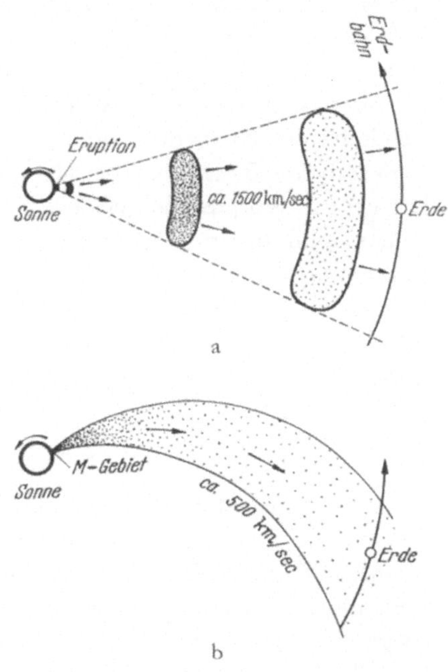

Abb. 76. Korpuskelwolken und Korpuskelströme von der Sonne

der solaren Wasserstoffatome die aus der Reisedauer beträchtlich übertreffen. Es scheint daher nichts anderes übrig zu bleiben als anzunehmen, daß die Polarlicht erzeugenden Korpuskeln in der Nähe der Erde nachbeschleunigt werden und so mit größerer Geschwindigkeit in die Erdatmosphäre eindringen, als sie auf ihrem Wege von der Sonne zur Erde haben.

Polarlichter treten im allgemeinen nur in hohen Breiten auf, Sehr kräftige Polarlichter wurden gelegentlich bis zum Mittelmeer herunter gesehen. Die Zonen gleicher Polarlichthäufigkeit legen sich konzentrisch um die magnetischen Pole der Erde. Auch hierin muß man eine Bestätigung der Hypothese erblicken, daß die lichtanregenden Korpuskeln geladene Teilchen (Protonen und Elektronen) sind, die im Magnetfeld der Erde abgelenkt werden und infolge dieser Ablenkung nur ihre polaren Zonen erreichen können. Dieser schon vor fast 100 Jahren gezogene Schluß konnte inzwischen sowohl durch Rechnung als auch durch Modellexperimente bewiesen werden.

Schluß

Mit diesen nächtlichen Auswirkungen der Sonne auf die polaren Gebiete der Erde beenden wir unseren kurzen Ausflug durch das Sonnensystem. Mancher von Ihnen mag auf dieser Reise, die uns vom glühend heißen Sonneninnern bis zu den sonnenfernsten eisigen Planeten führte, den Eindruck bekommen haben, daß nun fast alle Rätsel gelöst wären, als ob die Sonnenforschung keine großen Überraschungen mehr bieten könnte. Glücklicherweise kann davon keine Rede sein. Vielmehr verlangt eine allgemein verständliche Darstellung wie diese wohl mehr Rechenschaft über das Geschaffte als über das Ungelöste. Für den Astronomen bleibt gerade die Unerschöpflichkeit und die Problemfülle der von ihm eroberten Welt die eigentliche Triebfeder seiner mühsamen Arbeit.